21世纪高等教育计算机技术规划教材

21 ShiJi GaoDeng JiaoYu JiSuanJi JiShu GuiHua JiaoCai

U0116404

C 语言 程序设计

C YUYAN CHENGXU SHEJI

彭正文 卢昕 主编

胡佳 黄子君 副主编

人民邮电出版社

北 京

图书在版编目（CIP）数据

C语言程序设计 / 彭正文，卢昕主编. — 北京：人
民邮电出版社，2012.3
21世纪高等教育计算机技术规划教材
ISBN 978-7-115-27367-3

Ⅰ．①C… Ⅱ．①彭… ②卢… Ⅲ．①
C语言－程序设计－高等职业教育－教材 Ⅳ．①TP312

中国版本图书馆CIP数据核字(2012)第010438号

内 容 提 要

本书共分 11 章，主要内容包括 C 语言基本语法知识，三种基本流程结构，数组，函数，指针，结构体，共用体，枚举类型，宏的使用，简单文件的操作，Windows 环境下窗口编程等。全书内容安排紧凑合理，语言通俗，书中实例贴切实际。

本书可作为高职高专和应用型本科的教材，也可作为自学者用书。

21 世纪高等教育计算机技术规划教材

C 语言程序设计

◆ 主　编　彭正文　卢　昕
副 主 编　胡　佳　黄子君
责任编辑　潘新文

◆ 人民邮电出版社出版发行　　北京市崇文区夕照寺街 14 号
邮编 100061　电子邮件 315@ptpress.com.cn
网址 http://www.ptpress.com.cn
北京铭成印刷有限公司印刷

◆ 开本：787×1092　1/16
印张：15.75　　　　　　2012 年 3 月第 1 版
字数：385 千字　　　　2012 年 3 月北京第 1 次印刷

ISBN 978-7-115-27367-3
定价：34.00 元
读者服务热线：**(010)67170985**　印装质量热线：**(010)67129223**
反盗版热线：**(010)67171154**
广告经营许可证：京崇工商广字第 0021 号

前　言

C 语言是目前世界上流行且使用最为广泛的高级程序设计语言，各高等院校的计算机专业和非计算机专业基本开设有 C 语言程序设计这门课程。

编者在十多年的 C 语言教学过程中，使用过的 C 语言教材有很多，多数教材总是存在这样或那样的缺憾，虽然每一种教材都存在自己独特的地方，每一个编者都努力使读者尽量从自己的书中获取更多的知识。本书编者也不例外，本书从读者的学习规律和学习的心理活动特点着手安排知识内容，从生活中提炼出可以用 C 语言实现而又能让绝大部分读者理解、同时具有趣味性的生活实例。通过对这些生活实例的程序实现，让读者不由自主地发出感叹"嗯，原来 C 语言不但不难学，而且挺有用的"。C 语言难学，特别是对初学者而言，在学习过程中还会出现迷茫，且不知道学了 C 语言有什么用。编者认为，作为介绍 C 语言程序设计的书籍，如果能让读者发出以上感叹，是为好书，是为读者喜爱的书。本书正是沿着该思路进行组织编写，希望能真正给读者带来惊喜。

本书内容共 11 章，分别介绍了 C 语言的基本语法规则、程序设计的基本步骤、结构化程序设计的基本流程结构与语句实现，以及了窗口程序设计的相关概念。本书基本涵盖 C 语言程序设计的全部内容，全书理论部分和程序实例均做到由简到繁、由易到难，让读者循序渐进地掌握这门语言的编程方法和技巧。

与其他介绍 C 语言的书籍相比，本书的特色与创新之处主要体现在以下几方面：

1．语言通俗易懂。

2．知识点安排合理。

3．程序用例贴近实际。

4．教材原稿讲义经课堂教学实践多年、易教好用

5．配备有对应的习题解答与上机指导。

本书的阅读对象既可以是计算机专业和非计算机专业的学生，还可以是从事 C 语言相关的工程技术人员。如果作为 C 语言程序设计课程的参考教材，本书的参考教学课时约为 54 课时，其中约包括 18 课时上机实践。本书第 11 章为选学内容。

本书在编写与出版的过程中，得到了人民邮电出版社的领导和编辑们的全力支持和帮助。没有他们的热心帮助，本书难以出版，编者特在此向他们表示衷心的感谢！

由于编者水平有限，书中难免会有不足和疏漏之处，真诚地欢迎各位专家及广大读者提出宝贵的意见和建议。编者的 E-mail 是 kygl2008@126.com.

编　者

2011 年 12 月

目　录

第 1 章

计算机与 C 语言

导引

本章介绍了计算机的基本工作原理、计算机程序设计及程序设计语言的基础知识，帮助读者领悟程序设计的实质。通过介绍 C 语言的历史及发展可以初步了解这门历史悠久、应用广泛的计算机程序设计语言，同时了解 C 语言常用的几种编译平台。

学习目标

◇ 了解计算机的基本结构。
◇ 掌握计算机解决问题的过程。
◇ 了解 C 语言的历史及发展过程。
◇ 了解 C 语言的特点。
◇ 了解 C 编译环境。

1.1　计算机的基本工作原理

人类在自然环境发展过程中逐步认识了数，并总结出对数可以进行各种运算。随着人类社会活动的复杂化，对数的计算也就越来越复杂，为了从繁重的计算中解脱出来，人们先后发明了算筹、算盘以及各种机械计算器。直至 20 世纪 40 年代，世界上的第一台计算机的出现，人类在计算方面才有了质的突破，同时计算机的功能不仅局限于强大的计算功能，更突出的是其能处理各种非数值的数据。随着计算机软硬件的迅速发展，计算机已经深深影响了人类的生活，如今人类的基本生活已经离不开计算机了。下面简单介绍计算机的基本工作原理。

1.1.1　计算机基本结构

计算机由运算器、控制器、存储器、输入设备和输出设备五个基本部分组成，它们也称为计算机的五大部件，其结构如图 1-1 所示。

1. 运算器

运算器是计算机对数据进行加工处理的部件。它的主要功能是对二进制数码进行加、减、乘、除

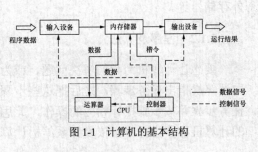

图 1-1　计算机的基本结构

等算术运算和与、或、非等基本逻辑运算并实现逻辑判断。运算器在控制器的控制下实现其运算功能，运算结果由控制器指挥送到内存储器中。

2．控制器

控制器用来控制计算机各部件并协调各部件工作，使整个处理过程有条不紊地进行。它的基本功能就是从内存中取指令和执行指令，它根据读取的指令功能向有关部件发出控制命令，然后执行该指令。另外，控制器在工作过程中，还要接受各部件反馈回来的信息。

3．存储器

存储器具有记忆功能，用来保存信息，如数据、指令和运算结果等。存储器可分为两种：内存储器与外存储器。

（1）内存储器（简称内存或主存）。

内存储器也称主存储器（简称主存），它直接与 CPU 相连接，存储容量较小，但速度快，用来存放当前运行程序的指令和数据，并直接与 CPU 交换信息。

内存储器由许多存储单元组成，每个单元能存放一个二进制数或一条由二进制编码表示的指令。存储器的存储容量以字节为基本单位，每个字节都有自己的编号，称为"地址"，如要访问存储器中的某个信息，就必须知道它的地址，然后再按地址存入或取出信息。

为了度量信息存储容量，将 8 位二进制码（8bit）称为一个字节（Byte，简称 B），字节是计算机中数据处理和存储容量的基本单位。1024 个字节称为 1K 字节（1KB），1024K 个字节称为 1MB，1024M 个字节称为 1GB，1024G 个字节称为 1TB。现在微型计算机主存容量大多数在 2GB 以上。

（2）外存储器。

外存储器又称辅助存储器（简称辅存），它是内存的扩充。外存存储容量大、价格低，但存储速度较慢，一般用来存放大量暂时不用的程序、数据和中间结果（以文件形式存储），可成批地和内存储器进行信息交换。外存只能与内存交换信息，不能被计算机系统的其他部件直接访问。常用的外存有磁盘、U 盘和光盘等。

4．输入/输出设备

输入/输出设备简称 I/O（Input/Output）设备。用户通过输入设备将程序和数据输入计算机，输出设备将计算机处理的结果（如数字、字母、符号和图形）显示或打印出来。常用的输入设备有键盘、鼠标、扫描仪、麦克风、画写板等。常用的输出设备有显示器、打印机、绘图仪、音箱等。

人们通常把内存储器、运算器和控制器合称为计算机主机。而把运算器、控制器做在一个大规模集成电路块上称为中央处理器，即 CPU（Central Processing Unit）。也可以说主机是由 CPU 与内存储器组成的，而主机以外的装置称为外部设备，外部设备包括输入/输出设备、外存储器等。

1.1.2　程序及算法

要想让计算机为我们解决问题，或为我们完成一定的计算任务，我们必须以某一种方式向计算机指出任务步骤，之后把这些步骤和相关数据输入并储存在计算机内，让计算机读取任务步骤并按步骤执行相应的操作，此思路即为冯·诺依曼思想。采取冯·诺依曼思想运行的计算机称作为冯·诺依曼体系结构计算机。

在计算机内部，不管是任务步骤还是运算的对象，所有的一切都用最简单的二进制数据表示，机器指令也不例外。指示 CPU 完成特定操作的多位二进制数可以组合形成一条该 CPU 能够执行的机器指令。特定的 CPU 上能识别的机器指令形成该 CPU 的指令集合（机器指令系统）。一个计算机程序就是一个由 CPU 上可以识别的若干条机器指令组成的序列。执行该程序实际上就是将该机器指令序列提交给 CPU，让 CPU 按照一定的顺序依次执行序列中的各条机器指令。

依据上述计算机基本原理，将现实中的一个任务交给计算机去处理，很显然要解决以下几个问题：

（1）待解决任务中涉及到的数据组织问题；

（2）任务步骤设计问题；

（3）任务步骤表示或描述问题。

对于问题 1，可以用线性表、树、图等多种逻辑数据结构组织逻辑层面的数据，将数据存储到计算机内时可以用顺序存储、链式存储、索引存储及散列存储等存储方式。具体执行方法可以参阅数据结构相关书籍及资料。

对于问题 2，实际就是算法设计的问题。所谓算法就是指解决某个问题的步骤集合。能让计算机执行的算法步骤必须具有如下特征。

（1）有穷性：是指解决问题的过程必须在有限的时间内结束，不能无限进行下去。因此，在设计算法时，我们必须确定一个条件以终止算法的执行。

（2）确定性：是指算法包含的每一个步骤都必须是确定的，不可模棱两可。

（3）可行性：是指算法包含的每一个步骤都能够在计算机上被有效地执行，并得到正确的结果。

（4）有零个或多个输入：任何一个算法被执行时，都离不开原始数据。获取原始数据有两种方法：直接设定一些值，或者通过相应的设备进行数据的输入。

（5）有一个或多个输出：我们利用计算机处理问题的最终目的就是求得某个问题的正确结果。这个结果必须通过某个输出设备的输出并让用户获取，才能最终确定问题是否得到正确解决。因此，一个没有输出结果的算法或程序是没有任何实际意义的。

对于问题 3，一般是采取自然语言、算法流程图等接近于自然语言的描述方式来描述算法。下面用自然语言的方式来描述一个简单问题的解决步骤。

问题：统计 100 个学生 C 语言的平均成绩。

描述 A

步骤 1：做准备工作，sum 用来存放累加成绩，aver 用来存放平均成绩，grade 用来存放每次输入的学生成绩。

步骤 2：是第 100 个学生吗？若是，则转到步骤 4；否则继续步骤 3。

步骤 3：输入该学生的 C 语言成绩到 grade 中，sum = sum + grade，回到步骤 2。

步骤 4：aver = sum/100。

步骤 5：输出 aver。

步骤 6：算法结束。

描述 B

步骤 1：做准备工作，sum 用来存放累加成绩，aver 用来存放平均成绩，grade 用来存放每次输入的学生成绩。

步骤 2：输入某个学生的 C 语言成绩到 grade 中，sum = sum + grade。

步骤 3：是第 100 个学生吗？若是，则继续步骤 4；否则回到步骤 2。

步骤 4：aver = sum/100。

步骤 5：输出 aver。

步骤 6：算法结束。

描述 C

具体如图 1-2 所示。

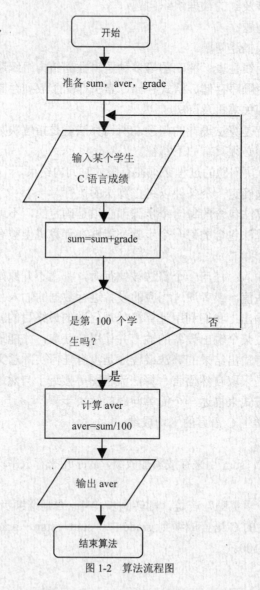

图 1-2　算法流程图

从上面的描述方式可以看出，同一个问题的可以有不同的解决步骤过程，也可以有不同的描述方式。

1.1.3　计算机语言

CPU 能直接理解和处理的只有二进制数，由二进制数组成的机器指令形成机器语言的基本元素，若干条机器语言指令的序列形成一个机器语言程序。

【例 1-1】　完成两个数据 100（二进制：0000 0000 0110 0100）和 256（二进制：0000 0001 0000 0000）相加的功能，8086CPU 的代码序列如下：

10111000 0110 0100 0000 0000

00000101 0000 0000 0000 0001

10100011 0000 0000 0010 0000

其对应的十六进制形式表达为：B8 64 00　05 00 01　A3 00 20。

很显然，如果要让我们去理解机器内部二进制数的各种含义，那是无法忍受的事情。为了减轻使用机器语言编程的负担，人们进行了一种有益的改进：用一些简洁的英文字母、符号串来替代一个特定指令的二进制串，比如，用"ADD"代表加法，"MOV"代表数据传递等，这样一来，人们能比较容易读懂并理解程序在干什么，对程序的纠错及维护都变得方便了，这种程序设计语言被称为汇编语言，即第二代计算机语言。然而计算机是不认识这些符号的，这就需要一个专门的程序，专门负责将这些符号翻译成二进制数的机器语言，这种翻译程序被称为汇编程序。

汇编语言同样十分依赖于机器硬件，移植性不好，但效率却十分高，针对计算机特定硬件而编制的汇编语言程序，能准确发挥计算机硬件的功能和特长，程序精炼而质量高，所以至今仍是一种常用而强有力的软件开发工具。

【例 1-2】　实现 100 与 256 相加的 MASM 汇编语言程序段表达如下：

```
mov ax，100;        取得一个数据 100（对应机器代码：B8 64 00）
add ax，256;        实现 100+256（对应机器代码：05 00 01）
mov [2000h]，ax; 保存和（对应机器代码：A3 00 20）
```

汇编语言虽然能让人看懂并能让人用它写出漂亮的程序，但那也只是针对那些比较专业的程序员而言，汇编语言的晦涩难懂仍然阻碍了计算机技术的发展。人们意识到，应该设计一些这样的语言，这些语言接近于数学语言或人的自然语言，同时又不依赖于计算机硬件，编出的程序能在所有机器上通用。经过努力，1954 年，第一个完全脱离机器硬件的高级语言——FORTRAN 问世了。经过几十年的发展，继 FORTRAN 之后先后出现过几百种高级语言，其中一些已经不再使用，一些直到现在还为人们喜欢。当前使用较普遍的计算机编程语言主要有 C 语言、Java 语言、C#语言、Visual Basic、Delphi 等。用高级语言规范描述的程序称为高级语言源程序，高级语言源程序需要通过相应的高级语言翻译器翻译成机器语言程序，最后才可以被 CPU 执行。下面是用 C 语言规范描述的一个任务步骤。

【例 1-3】　用 C 语言描述统计 100 个学生 C 语言的平均成绩。

```
#include <stdio.h>
void main()
{double sum=0.0;         //准备 sum
 int   i=1;              //准备 i
 double grade;           //准备 grade
```

```
while(i<=100)                 //若 i<=100 成立则执行下面大括号中的步骤，否则跳过
{printf("请输入第%d 个学生成绩：", i );    //输出提示信息
 scanf("%f", &grade);                        //输入第 i 个学生成绩到 grade
 sum=sum+grade;                              //将 grade 累加到 sum 中
i++;                                          //下一个学生转到 while 处
}
aver=sum/100;
printf("全班学生的平均成绩为：%f\n", aver);
}
```

很明显，使用 C 语言规范写的程序比用汇编语言、机器语言写的代码要更加易懂。

把高级语言源程序翻译成机器语言程序有两种方式：解释和编译。解释是指解释器将高级语言源程序中的高级语言语句一条一条解释成机器语言指令，并同时送到 CPU 执行。编译是指由编译器将源程序统一转换成机器语言指令，并进一步优化，形成一个可执行文件（二进制指令序列）保存在外存，最后将该可执行文件加载到内存并执行。

1.1.4　程序设计的基本步骤

使用计算机解决问题，必须从问题描述入手。经过解题过程的分析、算法设计直到最后程序的编写、调试和运行等一系列过程，最终得到要求解问题的结果，这一过程称为程序设计。一般传统的高级语言程序设计开发过程如下。

（1）分析问题并设计算法。

针对具体的问题，分析、建立解决问题的数学模型，并将解决过程采用某种算法工具描述出来，为后面的编程打下良好基础。

（2）编辑源程序。

使用程序设计语言提供的编辑器编辑源程序，并保存源程序。

（3）编译或解释。

编译就是将编辑好的源程序翻译成二进制目标代码的过程。编译过程由程序设计语言编译系统自动完成，从词法分析、语法分析、中间代码生成直至生成一个扩展名为 ".obj" 的目标代码文件。

（4）连接。

将目标文件和库函数等连接在一起，形成一个扩展名为 ".exe" 的可执行文件。

（5）运行。

通过上述四个过程得到的 ".exe" 文件可以直接在操作系统下运行，不再依赖于具体的编译系统。运行完程序后，如果输出结果符合要求，则整个程序设计过程结束，否则，必须进一步查找算法步骤中的错误并修改源程序，然后重复编辑—编译—连接—运行的过程，直到得到正确结果为止。图 1-3 给出了 C 语言编译过程。

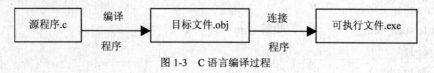

图 1-3　C 语言编译过程

1.2　C 语言的历史

　　C 语言是目前世界上使用非常广泛的高级程序设计语言。C 语言在操作系统、系统程序以及需要对硬件进行直接操作的场合有着比其他高级语言更加明显的优势，许多大型应用软件都是用 C 语言编写的。

　　C 语言具有绘图能力强、可移植性好和数据处理能力强的特点，因此适于编写系统软件。C 语言常用的编译软件（编译器）有 Microsoft Visual C++、Borland C++、Watcom C++、Borland C++ Builder、Borland C++ 3.1 for DOS、Watcom C++ 11.0 for DOS、GNU DJGPP C++、Lccwin32 C Compiler 3.1、Microsoft C、High C、Turbo C 等。

　　C 语言的发展颇为有趣，它的原型为 ALGOL 60 语言（也称为 A 语言）。

　　1963 年，剑桥大学将 ALGOL 60 语言发展成为 CPL（Combined Programming Language）语言。

　　1967 年，剑桥大学的 Matin Richards 对 CPL 语言进行了简化，于是产生了 BCPL 语言。

　　1970 年，美国贝尔实验室的 Ken Thompson 将 BCPL 进行了修改，并为它起了一个有趣的名字"B 语言"，意思是将 CPL 语言"煮干"，提炼出它的精华，并且他用 B 语言写了第一个 UNIX 操作系统。

　　而在 1973 年，B 语言也被人"煮"了一下，美国贝尔实验室的 D.M.RITCHIE 在 B 语言的基础上最终设计出了一种新的语言，他取了 BCPL 的第二个字母作为这种语言的名字，这就是 C 语言。

　　为了使 UNIX 操作系统推广，1977 年 Dennis M.Ritchie 发表了不依赖于具体机器系统的 C 语言编译文本《可移植的 C 语言编译程序》。

　　1978 年 Brian W.Kernighian 和 Dennis M.Ritchie 出版了名著《The C Programming Language》，从而使 C 语言成为目前世界上流行最广泛的高级程序设计语言。

　　1988 年，随着微型计算机的日益普及，出现了许多 C 语言版本。由于没有统一的标准，使得这些 C 语言之间出现了一些不一致的地方。为了改变这种情况，美国国家标准研究所（ANSI）为 C 语言制定了一套 ANSI 标准，成为现行的 C 语言标准。许多著名的系统软件，如 DBASE Ⅲ PLUS、DBASE Ⅳ都是由 C 语言编写的。用 C 语言加上一些汇编语言子程序，就更能显示 C 语言的优势了，比如 PC- DOS、WORDSTAR 等就是用这种 C 语言加汇编语言的方法编写的。

1.3　C 语言的特点

　　C 语言之所以能受到全世界几乎所有程序员的喜爱，与 C 语言的优点是分不开的。C 语言的优点主要有以下几方面。

　　（1）简洁紧凑、灵活方便。

　　C 语言一共只有 32 个关键字、9 种控制语句，程序书写自由，主要用小写字母表示它。

它把高级语言的基本结构和语句与低级语言的实用性结合起来了。C 语言可以像汇编语言一样对位、字节和地址进行操作，而这三者是对计算机最基本的操作单元。

（2）运算符丰富。

C 语言的运算符包含的范围很广泛，共有 34 个运算符。C 语言把括号、赋值、强制类型转换等都作为运算符处理，从而使 C 的运算类型极其丰富表达式类型多样化，灵活使用各种运算符可以实现在其他高级语言中难以实现的运算。

（3）数据结构丰富。

C 语言的数据类型有整型、实型、字符型、数组类型、指针类型、结构体类型、共用体类型等，它们能用来实现各种复杂的数据类型的运算。C 语言引入了指针概念，使程序效率更高。另外，C 语言具有强大的图形功能，支持多种显示器和驱动器，且计算功能、逻辑判断功能强大。

（4）C 语言是结构式语言。

结构式语言的显著特点是代码及数据的分隔化，即程序的各个部分除了必要的信息交流外彼此独立。这种结构化方式可使程序层次清晰，便于使用、维护以及调试。C 语言是以函数形式提供给用户的，这些函数可方便调用，并具有多种循环、条件语句控制程序流向，从而使程序完全结构化。

（5）C 语法限制不太严格、程序设计自由度大。

一般的高级语言语法检查比较严，能够检查出几乎所有的语法错误。而 C 语言允许程序编写者有较大的自由度。

（6）C 语言允许直接访问物理地址，可以直接对硬件进行操作。

C 语言既具有高级语言的功能，又具有低级语言的许多功能，能够像汇编语言一样对位、字节和地址进行操作，可以用来写系统软件。

（7）C 语言程序生成代码质量高，程序执行效率高。

C 语言程序一般只比汇编程序生成的目标代码效率低 10%～20%。

（8）C 语言适用范围大，可移植性好。

C 语言有一个突出的优点就是适合于多种操作系统，如 DOS、UNIX 也适用于多种机型。

当然，C 语言也有自身的不足，比如：C 语言的语法限制不太严格，对变量的类型约束不严格，对数组下标越界不作检查等，这些会影响到程序的安全性。

总之，C 语言既有高级语言的特点，又具有汇编语言的特点；既可以用来编写不依赖于计算机硬件的应用程序，又能用来编写各种系统程序；是一种受欢迎、应用广泛的程序设计语言。

1.4　C 程序的编译平台

C 语言是一种编译型的高级语言，对于描述解决问题算法的 C 语言源程序文件（*.c）来说，必须先用 C 语言编译程序（Compiler）对其编译，形成中间目标程序文件（*.obj），然后再用连接程序（Linker）将该中间目标程序文件与有关的库文件（*.lib）、其他有关的中间目标程序文件连接起来，形成最终可以在操作系统平台上运行的二进制形式的可执行程序文件（*.exe）。

C 语言源程序到最终可执行的程序文件需要经过编译程序和连接程序,能够提供这个过程的环境称为 C 编译器。C 编译器有 16 位的,也有 32 位的。早期操作系统主要是以 DOS 为主,所以那时的编译器大多是 16 位的编译器,后来出现了 Windows 操作系统和 Linux 操作系统,随之也出现了 32 位的编译器。下面主要介绍 Turbo C 和 Visual C++这两个编译平台。

1.4.1　Turbo C 平台介绍

1．Turbo C 发展概况

Turbo C 是美国 Borland 公司的产品。Borland 公司是一家专门从事软件开发、研制的大型公司。该公司相继推出了一套 Turbo 系列软件,如 Turbo BASIC、Turbo Pascal、Turbo Prolog 等,这些软件很受用户欢迎。

该公司在 1987 年首次推出 Turbo C 1.0 产品,其中使用了全新的集成开发环境,即使用了一系列下拉式菜单,将文本编辑、程序编译、连接以及程序运行一体化,大大方便了程序的开发。1988 年,Borland 公司又推出 Turbo C 1.5 版本,增加了图形库和文本窗口函数库等,而 Turbo C 2.0 则是该公司 1989 年出版的。Turbo C 2.0 在原来集成开发环境的基础上增加了查错功能,并可以在 Tiny 模式下直接生成*.com(数据、代码、堆栈处在同一 64KB 内存中)文件,还可对数学协处理器(支持 8087/80287/80387 等)进行仿真。

Borland 公司后来又推出了面向对象的程序软件包 Turbo C++,它继承和发展 Turbo C 2.0 的集成开发环境,并包含了面向对象的基本思想和设计方法。

1991 年为了适用 Microsoft 公司的 Windows 3.0 版本,Borland 公司又将 Turbo C++作了更新,形成 Turbo C 的新一代产品即 Borland C++。

2．Turbo C 2.0 介绍

Turbo C 2.0 不仅是一个快捷、高效的编译程序,同时还有一个易学、易用的集成开发环境。使用 Turbo C 2.0 无需独立地编辑、编译和连接程序,就能建立并运行 C 语言程序。因为这些功能都组合在 Turbo C 2.0 的集成开发环境内,用户可以通过一个简单的主屏幕使用这些功能,Turbo C 2.0 主界面可参见图 1-4。

Turbo C 2.0 可运行于 IBM-PC 系列微机,包括 XT、AT 及 IBM 兼容机。它要求 DOS 2.0 或更高版本的支持,并至少需要 448KB 的 RAM。它可在任何彩色、单色显视器上运行,支持数学协处理器芯片,也可进行浮点仿真。

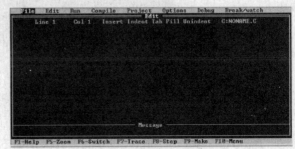

图 1-4　Turbo C 2.0 界面

Turbo C 2.0 主要文件的简单介绍如下:

INSTALL.EXE	安装程序文件
TC.EXE	集成编译程序
TCINST.EXE	集成开发环境的配置设置程序
TCHELP.TCH	帮助文件
THELP.COM	读取 TCHELP.TCH 的驻留程序
README	关于 Turbo C 的信息文件

TCCONFIG.EXE	配置文件转换程序
MAKE.EXE	项目管理工具
TCC.EXE	命令行编译
TLINK.EXE	Turbo C 系列连接器
TLIB.EXE	Turbo C 系列库管理工具
C0?.OBJ	不同模式启动代码
C?.LIB	不同模式运行库
GRAPHICS.LIB	图形库
EMU.LIB	8087 仿真库 FP87.LIB 8087 库
*.H	Turbo C 头文件
*.BGI	不同显示器图形驱动程序
*.C Turbo	C 例行程序（源文件）

其中的"？"分别为：T 表示微型模式，S 表示小模式，C 表示紧凑模式，M 表示中型模式，L 表示大模式，H 表示巨大模式。

3．Turbo C++ 3.0 介绍

Turbo C++ 3.0 软件是 Borland 公司在 1992 年推出的 C 语言程序设计与 C++面向对象程序设计的集成开发工具。它只需要修改一个设置选项，就能够在同一个 IDE（集成开发环境）下设计和编译用标准 C 和 C++语法设计的程序文件。Turbo C++ 3.0 主界面可参见图 1-5。

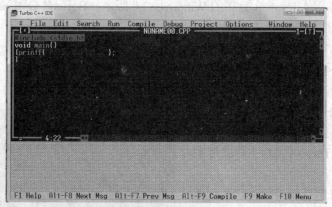

图 1-5　Turbo C++ 3.0 界面

Turbo C++ 3.0 与 Turbo C 2.0 的主要区别如下。

（1）Turbo C++ 3.0 不仅能设计和编译 C 程序文件，而且修正了 Turbo C 2.0 中存在的一些 Bug（如：不能正常使用 float 数组等问题）。

（2）Turbo C++ 3.0 还支持多窗口操作，窗口间可以快速切换。

（3）完全支持鼠标选择、拖放和右键操作，很好地照顾了习惯于图形操作系统环境的用户。

（4）建立了即时帮助系统，只需要选定关键字后按 Ctrl + F1 组合键即可查看详细的帮助说明，并且每个函数都具有完整的示例解释说明，只需要复制到新文件即可运行，无论对 C 语言初学者还是 C++高手都是不错的实例教材。

（5）可以自定义语句按照语法高亮多色显示，令代码编写、程序查错时更直观方便。

（6）程序编辑器的查找、替换等编辑功能更方便易用。

（7）建立和管理 Project（项目）更方便容易。

1.4.2　Visual C++平台介绍

Visual C++ 6.0 简称 VC 或者 VC6.0，是微软公司推出的一款 C++编译器，是将高级语言翻译为机器语言（低级语言）的程序。Visual C++是一个功能强大的可视化软件开发工具。自 1993 年 Microsoft 公司推出 Visual C++ 1.0 后，随着其新版本的不断问世，Visual C++已成为专业程序员进行软件开发的首选工具。虽然微软公司推出了 Visual C++ .NET（Visual C++ 7.0），但它的应用有很大的局限性，只适用于 Windows 2000、Windows XP 和 Windows NT 4.0。所以实际中，更多的是以 Visual C++ 6.0 为平台。本书中各实例均以 Visual C++ 6.0 作为测试平台。Visual C++ 6.0 主界面参见图 1-6。

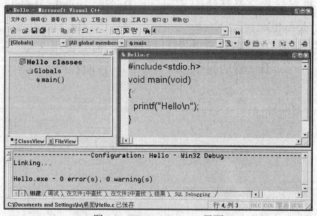

图 1-6　Visuanl C++ 6.0 界面

小　　结

通过本章的学习，我们已经了解了计算机解决问题的基本过程，以及 C 语言的历史、发展和 C 语言的编译环境，为后续学习打下了基础。

习　　题

1-1　计算机解决问题的过程如何？

1-2　C 语言的特点有哪些？

1-3　程序设计基本步骤有哪些？

1-4　算法有哪些特点？

1-5　用流程图形式描述求三个整数中最大数的算法。

1-6 选择题

（1）算法具有五个特性，以下选项中不属于算法特性的是（ ）。

A．有穷性　　　　B．简洁性　　　　C．可行性　　　　D．确定性

（2）以下叙述中正确的是（ ）。

A．用 C 程序实现的算法必须要有输入和输出操作

B．用 C 程序实现的算法可以没有输出但必须要有输入

C．用 C 程序实现的算法可以没有输入但必须要有输出

D．用 C 程序实现的算法可以既没有输入也没有输出

（3）用 C 语言编写的代码程序（ ）。

A．可立即执行　　　　　　　　B．是一个源程序

C．经过编译即可执行　　　　　D．经过编译解释才能执行

（4）用于结构化程序设计的三种基本结构是（ ）。

A．顺序结构、选择结构、循环结构　　B．if、switch、break

C．for、while、do-while　　　　　　　D．if、for、continue

（5）要把高级语言编写的源程序转换为目标程序，需要使用（ ）。

A．编辑程序　　　B．驱动程序　　　C．诊断程序　　　D．编译程序

第2章

C 语言源程序简介

导引

C 语言具有很多突出的优点，目前已成为计算机程序设计的主要语言。C 语言是学习和掌握各种程序开发工具（如 C++、VC++）的基础。本章主要介绍 C 语言源程序的基本构成、C 语言源程序的调试与运行等。通过对上述内容的介绍，让读者对 C 程序有一个初步的了解，为后续学习打下基础。

学习目标

◇　了解 C 语言源程序的结构。

◇　编写简单的 C 语言源程序。

◇　掌握调试和运行 C 语言源程序的步骤。

2.1　简单的"Hello"程序

任何一种语言都是用来交流的，程序设计语言也不例外。人们一般用程序设计语言来设计程序并和计算机进行交流。C 语言作为一种最常见而又经典的交流工具，具有其独特的语言规范，本节初步介绍 C 语言源程序的基本结构。

2.1.1　C 语言源程序的构成

在第 1 章中我们了解到，任何一款程序的处理过程都离不开输出。下面通过使用 C 语言程序来解决在屏幕上输出"Hello"信息这一问题来分析 C 语言源程序的基本构成。

【例 2-1】　在计算机屏幕上输出"Hello"信息。

```
#include "stdio.h"
void main()
{
printf("Hello\n");
}
```

程序运行结果如图 2-1 所示。

首先观察例 2-1，初学者可能感觉它犹如一篇没有规律的英文

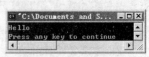

图 2-1　例 2-1 运行效果图

文章，因为不符合英文的语言规范，当然按英文的思维无法去阅读它。在理解了 C 语言的基本规范后会觉得（例 2-1）程序代码寥寥几行的代码其实很简单。下面分别对这几行代码作简单的介绍。

第 1 行 "#include "stdio.h"" 命令是必需的，因为没有该行信息将无法实现屏幕的输出。一般要实现字符界面的屏幕输出都要加上这一行命令。

第 2 行 "void main()" 说明了一个名字为 main 的功能块，该功能块实际上就是程序的唯一入口，每个 C 语言程序都必须从该入口开始，功能块的内容由 "{"、"}" 对括起来。在 C 语言中，类似的功能块被称为函数。

程序的第 4 行 "printf("Hello\n");" 实现在字符界面下输出 "Hello" 信息后换行（'\n'表示换行）。其中 "printf" 是一个函数名，其具体功能定义在文件 "stdio.h" 中，该函数功能是输出双引号之间的字符信息，这就是为什么在程序开始之前必须要用 "#include "stdio.h"" 的原因。

对例 2-1 进行引申，要求输入程序使用者的姓名（如 "张三"），之后输出 "Hello，张三" 的信息。与例 2-1 相比，该问题存在交互，也就是说计算机和用户之间进行了问答。显然此问题比例 2-1 要显得复杂一些。

【例 2-2】 用户输入姓名，之后输出 "Hello，用户姓名" 的信息。

```
#include "stdio.h"
void main(void)
{char name[20];
printf("请输入您的姓名：");
scanf("%s",name);
printf("Hello,%s\n\n",name);
}
```

图 2-2、图 2-3 和图 2-4 依次为开始运行该程序、输入 "张三" 和按回车键后的效果图。

图 2-2　开始执行例 2-2 效果图

图 2-3　例 2-2 输入 "张三" 效果图

图 2-4　例 2-2 按回车键后效果图

在例 2-2 的代码中，添加了代码行 "char name[20];"、"printf("请输入您姓名：");" 和 "scanf("%s", name);"。

其中代码行"char name[20];"的作用是在计算机内存中分配 20 个字符空间，该空间的名字为"name"，很显然该空间用来存放后面输入的用户姓名；代码行"printf("请输入您姓名: ");"用于输出一个提示信息，让用户知道程序下一步该做什么；代码行"scanf("%s",name);"的作用是让用户从键盘输入自己的姓名。

2.1.2　从源程序到可执行程序

通过前面的介绍，相信初学者已经了解一些 C 语言源程序的基本构成。当我们编辑完成 C 语言源程序后，接下来问题就是如何判断写出来的程序是否正确，如何看到它的运行结果。本节我们将一一解决这些问题并介绍从 C 语言源程序到产生并执行可执行程序的全过程。

从编写一个 C 语言源程序到得到运行结果一般需要经过编辑、编译、连接、执行这几个步骤。本书以 Microsoft Visual C++ 6.0 编译环境为例，详细介绍全过程。

1．VC++的编辑环境介绍

单击"开始"→"程序"→"Microsoft Visual C++ 6.0"，出现 Microsoft Visual C++ 6.0 的主窗口，参见图 2-5。

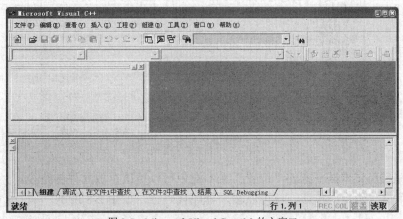

图 2-5　Microsoft Visual C++ 6.0 的主窗口

Mircosoft Visual C++ 主窗口的顶部是主菜单栏，其中包括 9 个菜单项：文件、编辑、查看、插入、工程、组建、工具、窗口和帮助。

主窗口的左侧是工程工作区窗口，右侧是程序编辑窗口，下面是调试信息窗口。工程工作区窗口显示所设定的工程的相关信息，程序编辑窗口用来输入和编辑源程序，调试信息窗口用来显示程序出错信息和结果有无错误（error）或警告（warning）。

2．编辑源程序

单击"文件"下拉菜单中的"新建"命令，如图 2-6 所示。

弹出一个对话框，选择此对话框左上角的"文件"选项卡，再选择"C++ Source File"选项，如图 2-7 所示。

在右侧的"文件名"文本框中输入 C 源程序的文件名，值得注意的是，我们指定的文件扩展名为".c"。如果"文件名"文本框中文件的名字没有扩展名，则系统自动加上扩展名".cpp"，因此我们编写 C 语言源程序不能省略扩展名".c"。

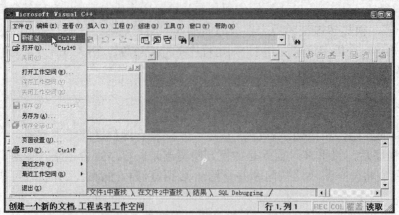

图 2-6　"新建"命令

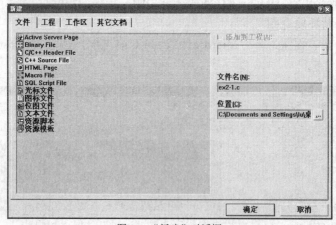

图 2-7　"新建"对话框

在"文件名"文本框下方的"位置"文本框中可以更改存放文件的路径。
最后，单击"确定"按钮，就可以输入程序代码了，如图 2-8 所示。

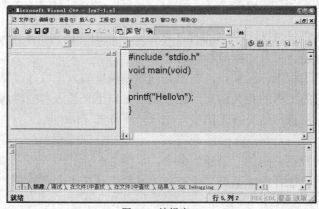

图 2-8　编辑窗口

3．编译/连接程序（Ctrl+F7）

单击"组建"下拉菜单中的"编译 [ex2-1.c]"命令，如图 2-9 所示。

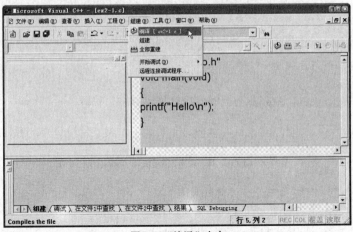

图 2-9 "编译"命令

单击"编译[ex2-1.c]"命令后，屏幕上出现了一个对话框，内容是"This build command requires an active project workspace. Would you like to create a default project workspace?"（此"组建"命令要求一个活动的工程工作空间，你是否同意建立一个默认的工程工作空间）。单击"是"按钮，表示同意由系统建立默认的工程工作空间，如图 2-10 所示。（注：如果事先已经建立了工作空间，则不会出现此对话框。）

图 2-10 创建默认工程工作空间提示对话框

屏幕如果继续出现"将改动保存到……（指定的路径）"，单击"是"按钮。

接着，我们就要对程序进行连接，单击"组建"→"组建[ex2-1.exe]"命令，如图 2-11 所示。

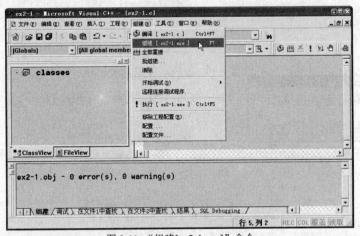

图 2-11 "组建[ex2-1.exe]"命令

成功完成连接后，生成一个可执行文件 ex2-1.exe。

4．运行程序（Ctrl+F5）

单击"组建"→"执行 [ex2-1.exe]"命令，如图 2-12 所示。

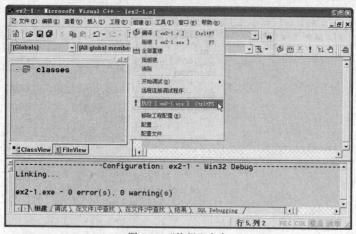

图 2-12 "执行"命令

程序运行后，屏幕切换到输出结果窗口，显示该程序运行结果，如图 2-1 所示。

5．关闭工作空间

单击"文件"→"关闭工作空间"命令，弹出对话框，如图 2-13 所示。

单击"是"按钮以结束对该程序的操作。

总之，要想编写一个实现某种功能的 C 语言源程序，必须经历四个基本步骤：编辑、编译、连接和运行（如图 2-14 所示）。每个步骤结束后都会生成一种类型的文件，如果其中某一步出现错误，则必须重新编辑、编译和连接。因此，调试程序是否正确是一个不断反复的过程。

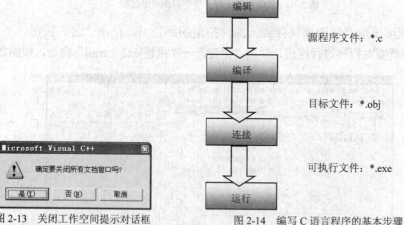

图 2-13 关闭工作空间提示对话框   图 2-14 编写 C 语言程序的基本步骤

2.2 初步剖析 C 源程序

通过上面两个简单例子，我们对 C 语言源程序及其集成环境 Microsoft Visual C++ 6.0 已经有了简单的了解。下面从文件和函数的角度来介绍 C 语言源程序。

每个 C 源程序实际就是由若干个文件组成，每个文件中可以定义变量、常量及函数等程序元素。C 程序文件有两类：头文件（*.h）和源程序文件（*.c），main 函数只能定义在*.c 文件中，而且所有程序文件中有且仅能有一个 main 函数，程序总是从 main 函数中的第一条语句开始执行，在 main 中适当的位置结束。就如前面例程中的"#include"预处理指令把头文件"stdio.h"嵌入到程序中的道理一样，若在一个 A 文件中要使用另一个 B 文件中的函数、变量或常量，则必须在 A 文件的开始处用#include 预处理指令嵌入 B 文件。

既然一个 C 程序总是从 main 开始，在 main 中适当的位置结束，那么对于程序员来说，编制程序时 main 函数的编写是必不可少的了，main 函数有以下两种定义格式。

格式 1：

返回值类型名　main（void）
{
函数体
}

格式 2：

返回值类型名　main（int argc，char*argv[]）
{
函数体
}

其中的返回值类型可以是 int 或 void，若是 void 类型表示程序执行结束后不需要返回给操作系统任何信息，否则必须向操作系统返回一个整型数。格式 2 中的 argc 和 argv 是在执行程序前通过控制台输入的命令行数据信息，由操作系统传递给该程序，这些信息被保存在 main 函数的参数中。其中 argc 的值表示输入的字符串个数，而 argv 中则保存着具体的各个字符串内容。

【例 2-3】　执行程序前将你的姓名和性别信息通过命令行参数传递给程序，然后将这些信息进行输出。

```
#include "stdio.h"
void main(int argc,char*argv[])   /*操作系统把控制台上的输入信息传递给了 argc 和 argv，
                         argc 表示参数个数，argv 存放具体参数内容*/
{
 printf("argc——参数个数：%d\n", argc);
 printf("argv——参数内容：\n");
printf("程序名：%s\n 你的姓名：%s\n 你的性别：%s\n",argv[0],argv[1],argv[2]);
}
```

编译连接生成可执行文件"ex2-3.exe"，然后在命令行下执行该程序，运行结果如图 2-15 所示（假定该文件保存在 C:\目录）。

操作系统启动程序"ex2-3.exe"时，将用户输入的每个字符串（包括程序名本身）传递到程序的参数 argv 中，argc 中则记录了字符串的个数。argv[0]保存了第一个字符串，即程序名，argv[1]保存了第二个字符串，即"Lily"，argv[2]保存了第三个字符串即"女"。

图 2-15　例 2-3 运行效果图

总之，C 程序由一个 main 函数和若干个其他函数构成，执行的过程实际上是不断地从一个函数跳转到另一个函数执行的过程，当然最初一定是从 main 函数开始，最终一定是到 main 函数结束的。所以 C 语言源程序的编写实际可以看作是函数的编写和函数之间的调用。

【注意】

（1）C 语言源程序书写自由，一行中可以有多个语句，一个语句也可以占用多行。建议一行只写一条语句。

（2）每条语句一定要以分号";"作为语句结束符。

（3）采用缩进格式，可以提高程序可读性。

（4）程序中可以使用注释信息"/*……*/"，增加程序的可读性。

【思考】 找出下列代码中的书写错误（共有 3 处）。

```
#include   "stdio.h"
int mian(void)
{ int a,b,c,v;
a-2,
 b=3;
 c=4
 v=a*b*c;
printf("%d\n",v);
return(0);
```

【实践】 在 VC++ 6.0 中编辑、编译、调试并运行例 2-1、例 2-2 和例 2-3。

小　　结

本章通过几个具体的例子介绍了 C 语言源程序的结构和书写格式，并且以 VC++ 6.0 编译环境为例介绍了源程序的执行过程。通过本章的学习，我们能够对 C 语言源程序有初步的认识，并可以通过模仿编写和上机调试简单的 C 语言程序。

从下章开始将正式进入 C 语言程序设计的学习，真正要学好一门计算机语言，其实与学习其他语言是相通的。这门课程是以 C 语言为工具，学习程序设计的基本概念、基本思想与基本方法。学习 C 语言这门课程切不能死记硬背，而是要多做练习，加强应用方面的训练。通过上机调试程序，理解教材中的概念，学习计算机解决问题的方法。所以实践是学习和掌握 C 语言最有效的方法。

针对 C 语言的学习，下面提出"三步法"建议。

（1）读程序。

教材中的很多例题都是循序渐进的，很多知识点的使用都包含在某个具体的实例中，因此，读懂程序是自己能写程序的关键一步。通过读程序，掌握 C 语言中的基本概念，了解计算机解决问题的基本思路，不断总结出一套符合自己特点的学习方法。

（2）改写。

会读程序后，就可以将读懂的程序进行改写。比如，可以修改变量的类型，可以改变语句的顺序，可以修改输出格式，可以改变解决这个问题的方法等。通过调试自己修改的程序，观察其变化并仔细比较程序前后的异同。当自己修改后的程序不正确时，一定要找出原因。通过反复的修改与调试，进一步巩固 C 语言的基本概念，加深对程序设计思想和方法的理解，提高写程序的能力，学会编程的技巧和方法。

（3）编写。

通过大量的改写程序，就可以编写自己的程序，独立分析、独立设计、独立编写和独立调试。

习　　题

2-1　编写一个实现某种功能的 C 语言程序，必须经历哪几个步骤？

2-2　编写一个 C 语言程序，输出以下信息：

****

How do you do?

****

2-3　编写一个程序，输入两个整数：100 和 50，求出它们的商和乘积，并进行输出。

2-4　编写程序，把 150 分钟换算成用小时和分钟表示，并进行输出。

2-5　编写程序，输出以下图形：

```
*
**
***
****
```

2-6　编写程序，输出自己的姓名和性别。

第 3 章

C 语言的基本元素

导引

学习了第 2 章的 "Hello" 程序，读者初步了解到 C 语言源程序的一些基本组成元素。如同任何一门语言一样，C 语言源程序也是由各种基本元素组成的一系列有意义的字符序列。本章向读者深入介绍 C 语言的基本元素，包括常量和变量、基本数据类型、不同类型数据之间的转换以及运算符和表达式，最后详细介绍了 C 语言源程序的构成。

学习目标

◇ 掌握标识符和保留字的定义。

◇ 掌握常量和变量的概念。

◇ 掌握各种基本数据类型的常量、变量的使用方法。

◇ 了解不同数据类型转换的规则。

◇ 掌握常用运算符的使用方法。

◇ 掌握 C 语言中实现输入和输出的方法。

◇ 掌握 C 语言中语句的种类。

3.1 C 语言的最小单位和基本单位

C 语言的最小单位是字符，C 语言的基本单位是标识符。

3.1.1 字符集

C 语言源程序的基本字符包括有以下一些。

大小写英文字母：a~z、A~Z。（注意：C 语言区分大小写字母。）

数字：0~9。

分隔符：，（逗号）、；（分号）、（空格）、括号等。

运算符：+、−、&等各类运算符。

字符集是多个字符的集合。字符集的种类很多，包括有 ASCII、GB2312、Unicode 等。在 C 语言中常用的字符集是 ASCII 码（American Standard Code for Information Interchange，美国信息互换标准代码），它是现今最通用的单字节编码系统，使用 7 位编码形式，所以该字符集只能支持 128 个字符。

3.1.2　标识符与保留字

所谓标识符，就是一个名字，可以是由系统规定的名字，也可以由程序员命名的名字，用来标识一个信息。标识符只能由英文字母、下画线（_）或数字组合而成，并且开头必须是英文字母或下画线。例如，stu、STU009、_ave、num_1 均为合法的标识符，009stu、ave@c、-num 则均为非法的标识符。

标识符往往用来表示程序中的变量名、常量名和函数名，其有效长度随 C 语言编译系统的限制而有所不同，但至少前 8 位字符有效。例如，在一个源程序中有两个标识符 ab123cd_e 和 ab123cd_fgh，可以看出它们都是合法标识符，但由于这两个标识符的前 8 位是一样的，所以有的系统认为它们是同一个标识符而不会加以区分。MS C 规定 8 位字符有效，Turbo C 允许 32 位字符有效。另外，为了提高程序的可读性，标识符的取名要尽可能体现它的意义。如年龄用 age 表示和用 sum 表示等。

标识符分为两种：标准标识符和自定义标识符。标准标识符又称为保留字，是 C 语言预留下来具有特殊含义的一些字符组合，也称为关键字。保留字必须使用小写字母表示。标两个标识符之间必须以空格作为间隔，如 int　sum。

C 语言中有 32 个保留字，分为以下四种类型。

（1）数据类型保留字：char、double、float、int、long、short、struct、union、unsigned、enum、signed、void。

（2）控制语句保留字：break、case、continue、default、do、else、for、goto、if、return、switch、while。

（3）存储属性保留字：extern、static、auto、register。

（4）其他保留字：sizeof、typedef、const、volatile。

3.2　程序中的数据描述

3.2.1　常量

任何程序的运行都离不开数据，有些数据在程序运行过程中其值不能被改变，这类数据称为常量。

常量在源程序中表现为两种形式：字面常量和符号常量。字面常量是指直接将值写出来的常量，如 1、'a'、3.5 等。符号常量是指用标识符表示常量。使用符号常量前，必须要用一条预处理命令，即宏定义来予以说明。如#define　PI　3.14。

3.2.2　变量

在程序运行过程中，其值可以被改变的量称为变量。编译系统在编译程序时会在主存中为程序定义的所有变量开辟相应大小的存储空间，空间中可以存储变量值。为了在源程序中能方便地访问这些空间，程序员应为每个变量空间进行命名，即变量名。在程序中，通过变量名来访问变量的值。变量名是自定义标识符的一种，因此其命名必须符合标识符的命名规则。

必须注意的是变量要先定义后使用，否则编译器会报"未定义的标识符"的错误。在定义变量时，可以为变量赋一个初值，这种操作称为变量的初始化。

变量定义的一般格式如下：

类型名　变量名 1[,变量名 2,…，变量 n];

例如：

int   a,b,sum ;   /*定义整型变量 a,b 和 sum */

编译系统在编译这条语句时，会为每个变量名在主存中开辟相同大小的存储空间。程序可在变量被定义之后通过变量名来访问存储空间，读取或写入相应的数值。

变量初始化的一般格式如下：

类型名　变量名 1=值 1[,变量名 2=值 2,…，变量 n=值 n]；

例如：

char   ch= 'A' ;   /*定义字符型变量 ch，并赋初值为'A' */

int   i, j=5;   /*定义整型变量 i 和 j，j 被赋初值为 5 */

以上两条语句中，变量 ch 和 j 被定义的同时已被写入数值，即变量名为 ch 的存储空间中的数值为字符'A'，变量名为 j 的存储空间中的数值为 5。另外为变量 i 开辟了存储空间，未明确指定变量 i 的数值。

每个变量存储空间中第一个存储单元的地址称为该变量的首地址。如果程序员编写程序过程中要使用某些变量的地址，则一般可以通过取地址运算符（&）来获得。

获取变量地址的格式如下：

&变量名

3.3　程序中的基本数据类型

常量和变量的使用过程中都涉及到数据类型的问题，数据类型决定了该常量或变量所占用的存储空间及其取值的范围、数值精度等因素。因此，程序员在编写程序之初要认真考虑程序中所涉及到的数据应该属于哪种类型以准确完成程序编写的任务，避免出现程序语法无错但输出结果错误的问题。

3.3.1　数据类型

C 语言的数据类型丰富，所支持的数据类型如图 3-1 所示。本节重点介绍 C 语言基本数据类型中的整型、实型和字符型。通过上一节的学习，我们知道数据按照程序在执行过程中其值是否可以改变分为常量和变量。如果与本节中数据类型结合起来，则可以将数据分为整型常量、实型常量、字符常量等和整型变量、实型变量、字符变量等。

C 语言常用的三种基本数据类型分别是整型、实型（浮点型）和字符型，它们所对应的保留字（关键字）、在内存中所占的字节数以及取值的范围见表 3-1。

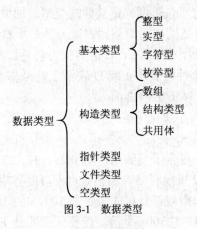

图 3-1　数据类型

表 3-1　　　　　　　　　　　　　　　　　基本数据类型

类　型	种　类	保　留　字	字节数	取　值　范　围
整型	有符号基本整型	[signed] int	2	−32768~+32767
	有符号短整型	[signed] short [int]	2	−32768~+32767
	有符号长整型	[signed] long [int]	4	−2147483648~ +2147483647
	无符号基本整型	unsigned [int]	2	0~65535
	无符号短整型	unsigend short [int]	2	0~65535
	无符号长整型	unsigend long [int]	4	0~4294967295
实型	单精度	float	4	$10^{-38} \sim 10^{38}$
	双精度	double	8	$10^{-308} \sim 10^{308}$
字符型	字符型	char	1	0~127

【注意】

（1）表中的[ ]部分是可以省略的。

（2）表中各类型所占的字节数由计算机系统决定。表 3-1 列出的是 Turbo C 编译系统所分配的字节数。

1．基本类型的常量

（1）整型常量。

整型常量形式有以下三种。

十进制整型常量：由 0~9 共 10 个数字组成，如 2、100U、33000L 等。

八进制整型常量：由 0~7 共 8 个数字组成，且以数字 0 开头，如 025 表示（25）$_8$、076 表示（76）$_8$ 等。

十六进制整型常量：由 0~9、A~F 或 a~f 共 16 个数字或字母组成，且以 0X 或 0x 开头，如 0x12 表示（12）$_{16}$、0x1ab 表示（1ab）$_{16}$ 等。

整型常量的类型一般根据整型常量的值来决定，具体可分为以下几种。

① 基本整型。根据常量值所在范围确定其数据类型。如果系统给 int 类型的数据分配 2 个字节，则值在−32768～32767 范围内的整型数据认为是基本整型常量，如 123、32700、−478。

② 长整型。整型常量后加字母 l 或 L，C 语言认为它是长整型常量，如 39876L。

③ 无符号整型。整型常量后加字母 u 或 U 表示无符号基本整型常量，加字母 ul 或 UL 无符号长整型常量，如 456u、3456789012ul。

（2）实型常量。

实型常量形式有以下两种。

① 十进制小数型：数据中包含了小数点，如 0.23、12.123、45.67 等。如果小数点前面是 0 或者后面是 0，那么这个 0 可以省略，但小数点不可以省略，如.23、23.等。

② 指数型：由尾数部分和指数部分组成（底为 10），中间由字母 E 或 e 分隔，如 1230 可以写成如 123E+1、0.123E+4、12300E-1 等。但要注意的是 E 或 e 前后必须有数字，且 E 或 e 后面必须是整数。规范化的指数形式是在 E 或 e 之前的小数部分中，小数点左边应有一位（且只能有一位）非零的数字，如 1230.45 的规范化指数形式为 1.23045e3。若一个实数要以指数形式输出，在默认情况下是按其规范化的形式输出的。

实型常量的类型有双精度和单精度两种。默认的实型常量类型是双精度类型，如果要表示单精度类型，则在数值后面加个 F 或 f，如 0.12f。

（3）字符常量。

字符常量是以一对英文单撇号括起来的单个字符。如'a'、'b'和'?'。字符常量在内存中是以其对应的 ASCII 码值的形式存放的，即字符'1'的值是 49，而不是数值 1。因此，字符常量对应的 ASCII 码值可以和整数一样参与运算。

另一类特殊的字符常量称为转义字符。所有的转义字符都是以'\'开头，后面跟字符或数字。常用的转义字符见表 3-2。

表 3-2 常用的转义符

形　式	字　符	含　义
'\字母'	'\a'	响铃
	'\n'	换行，光标移到下一行的开头
	'\r'	回车，光标移到本行的开头
	'\t'	水平制表，跳到下一个 Tab 位置
	'\f'	换页，光标移到下页的开头
	'\b'	退格，将光标移到前一列
	'\0'	空字符，作为字符串的结束标记
'\符号'	'\\'	代表一个反斜杠字符
	'\''	代表一个单撇号字符
	'\"'	代表一个双撇号字符
'\数字'	'\ddd'	代表一个字符，其中 ddd 是这个字符 ASCII 码的八进制形式
'\字母数字'	'\xhh'	代表一个字符，其中 hh 是这个字符 ASCII 码的十六进制形式

（4）字符串常量。

C 语言中由一对英文双撇号括起来的字符序列称为字符串常量。例如"123"、"abc456"、" "（空字符串）。

C 语言规定：任何字符串常量都默认包含一个结束标记'\0'。

字符常量和字符串常量是不同的常量。如'a'与"a"是有区别的。前者是字符常量，长度为 1，内存中占一个字节。后者是字符串常量，字符串有效字符数量（字符串长度）为 1，但在内存中占两个字节，最后一个字节存储了默认的结束标记'\0'。

2．基本类型的变量

上一节介绍了 C 语言中的变量必须先定义后使用。因此，变量的类型取决于编程者使用什么数据类型名来定义它们，不同的数据类型名也决定了变量的取值范围、数值精度等影响程序执行结果正确与否的因素，编程者需要准确使用合适的数据类型来完成变量的定义操作。

（1）整型变量的定义。

例如：

```
unsigned a;          /*定义了无符号基本整型变量 a  */
short b1,b2;          /*定义了有符号短整型变量 b1 和 b2  */
int c1=3,c2;          /*定义了有符号基本整型变量 c1 和 c2，且给 c1 赋初值为 3  */
```

（2）实型变量的定义。

例如：

```
float f1;               /*定义了单精度的实型变量 f1；*/
float f2=3.0f,f3;        /*定义了单精度的实型变量 f2 和 f3，且为 f2 赋初值  */
double d1,d2;           /*定义了双精度的实型变量 d1 和 d2；*/
```

（3）字符变量的定义。

例如：

```
char   ch1;            /*定义了一个字符型变量 ch1  */
char ch2='A',ch3='B';   /*定义了两个字符型变量 ch2 和 ch3 并分别赋初值  */
```

【例 3-1】　基本数据类型及变量的使用。

```
#include "stdio.h"
int main(void)
{
int i=10;                /*定义基本变量 i 并赋初值 10*/
short i2=32767;          /*定义短整型变量 i2 并赋初值 32767*/
short i3=32768;          /*定义短整型变量 i3 并赋初值 32768*/
char ch='0';             /*定义变量 ch 并赋初值数字字符'0'*/
char ch2='\123', ch3='\x13';   /*定义变量 ch2 和 ch3 并赋初值*/
printf("i=%d, i2=%d, i3=%d\n",i,i2,i3);    /*分别输出变量的值*/
printf("ch=%d, ch2=%d, ch3=%d\n", ch,ch2,ch3);
return 0;
}
```

程序运行结果：

i=10, i2=32767, i3=-32768

ch=48, ch2=83, ch3=19

在 Visual C++ 6.0 平台下运行该程序，仔细观察运行结果，思考变量 i3 以及三个字符变量的输出结果为什么与所赋的初值不同。另外，试着修改程序中的初值数据，看看运行结果会有什么改变。

【注意】

（1）变量必须先定义后使用，否则编译系统会报错。

（2）变量定义的位置一般放在函数的开头。

（3）对变量赋初值就是将值写到变量对应的存储单元中。

（4）在变量对应合法取值范围内的数据才能赋值给该变量，否则可能导致程序的逻辑错误。

3.3.2 从一种类型到另一种类型

前面介绍了 C 语言中的三种基本数据类型，当这些不同类型的数据在一起进行运算时，系统会按规则完成自动类型转换。此外，C 语言还提供了一种强制类型转换方式来完成程序的特殊要求。

（1）自动类型转换。

自动类型转换是由机器直接完成的，转换规则见图 3-2。

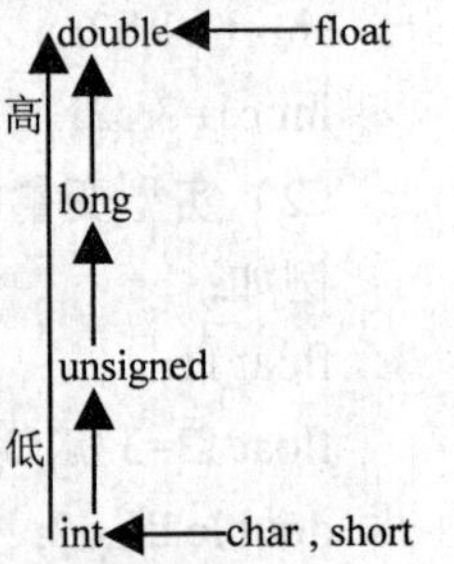

使用该转换规则时，必须注意以下几点。

① 横向左箭头表示必要的转换，char 和 short 型数据参与运算时会自动转换为 int 型，float 型数据参与运算时会自动转换为 double 型。

② 纵向短箭头表示 int 型、unsigned 型、long 型和 double 型之间的转换方向，如 int 型和 double 型数据进行运算，int 型数据会直接自动转换为 double 型再参与运算，运算的结果当然也是 double 型。

③ 纵向长箭头表示转换类型的级别高低，要注意的是在转换时并不是逐级转换。

图 3-2 自动类型转换

通过自动类型转换规则，我们可以知道表达式 a＋b−c（假设 a 为 char 型，b 为 int 型，c 为 float 型）的计算过程中变量的类型转换情况：首先变量 a 自动转换成 int 型与变量 b 进行运算，运算结果自动转换成 double 型再与变量 c 进行运算，最终结果为 double 型。

（2）强制类型转换。

强制类型转换的一般格式如下：

(类型名)(表达式)

类型名是指要转换成的目标类型，表达式是指要转换的数据，可以是常量、变量或其他复杂的表达式。

例如：

int a;

float b;

(float)(a)　　　/*等价于(float)a，将变量 a 强制转换成 float 型*/

(int)(b)　　　/*等价于(int)b，将变量 b 强制转换成 int 型*/

(int)(b+a)　　/*将表达式(b+a)强制转换成 int 型*/

(int)b+a　　　/*将变量 b 强制转换成 int 型后与变量 a 相加，运算结果为 int 型*/

3.4　程序中的运算

C 语言源程序需要将不同数据类型的常量和变量进行运算，以完成数据的处理并解决实际的问题。为此，C 语言提供了丰富的运算符和表达式。

常量、变量与不同的运算符相结合可以构成各种各样的表达式。运算符不仅具有不同的优先级，而且同一优先级的运算符还可能具有不同的结合性。因此，表达式的计算不仅要考虑运算符的优先级，还要考虑运算符的结合性。关于优先级和结合性的问题，会在本节内容中详细介绍。

C 语言提供以下几类运算符。

（1）算术运算符：+、−、*、/、%、++、−−。

（2）关系运算符：>、<、= =、>=、<=、!=。

（3）逻辑运算符：!、&&、||。

（4）位运算符：>>、<<、~、|、^、&。

（5）赋值运算符：=。

（6）逗号运算符：,。

（7）条件运算符：? :。

（8）字节长度运算符：sizeof。

（9）强制类型转换运算符：( )。

（10）下标运算符：[ ]。

（11）指针运算符：*、&。

（12）分量运算符：.、−>。

下面只介绍前面 9 类运算符，其他运算符将在以后的章节中陆续介绍。

3.4.1　算术运算

1．算术运算符

C 语言提供的算术运算符参见表 3-3。（假设变量 a 已定义。）

表 3-3　　　　　　　　　　　　　　　　算术运算符

类　　型	运 算 符	作　　用	举　　例
双目或单目	+	加法或正号	9 + 5、+ 4
	−	减法或负号	4−3、−2
双目	*	乘法	2*8
	/	除法	4/2、4.0/2
	%	求余	5%4
单目	++	自增 1	++a、a++
	−−	自减 1	−−a、a−−

这些算术运算符中，单目运算符（右结合性）的优先级高于双目运算符（左结合性）。双目运算符中，*、/、%优先级相同且高于优先级也相同的+、−。

不同算术运算符的运算规则如表 3-4 所示。

表 3-4 操作数和结果类型

操 作 符	操作数的类型	结 果 类 型
+	整型、实型、字符型	依据自动类型转换规则
−	整型、实型、字符型	依据自动类型转换规则
*	整型、实型、字符型	依据自动类型转换规则
/	整型、实型、字符型	依据自动类型转换规则
%	整型	整型
++	整型变量	整型
--	整型变量	整型

【例 3-2】 算术运算的运用。

```c
#include "stdio.h"
int main(void)
{
int a=10,b=5,c;
double d,e;
c=a/5;              /*两个整数进行除(/)运算*/
d=(double)a/5.0;    /*先将 a 转换为 double 类型后与 5.0 进行除（/）运算*/
e=7.5*2%10;    /*7.5*2 的计算结果为 double 型，求余（%）要求两个操作数都是整型*/
/*此句报错*/
printf("c=%d,d=%f,e=%f\n",c,d,e);
return 0;
}
```

【注意】 该程序编译报错，所以没有运行结果。

【实践】 如何改正例 3-2 代码中的表达式 "e=7.5*2%10;" 使得程序成功运行？

2．自增、自减运算符

C 语言为变量自身的增加和减少提供了自增（++）和自减（—）运算符。

如对变量 a 进行++ a、a++运算是使变量 a 自身加 1，--a、a--运算是使变量 a 自身减 1。也就是说自增运算的目的是将变量的值加 1，这与运算符++和变量 a 之间的位置无关。自减运算同理。

但是，如果把++a、a++、--a、a--作为表达式的一部分参与运算时，++和--与变量之间的位置不同就有区别了。++或--放在变量前表示变量自身先加或减 1，再使用变量的值进行其他运算；++或--放在变量后表示先使用变量的值进行其他运算后，变量自身再加或减1。

例如：

int a=3,b;

请分析下面两条赋值语句分别执行完后 a，b 的值。

① b =++a; /*执行过程是：a = a + 1，b = a，因此，执行完后 a = 4，b = 4 */

② b =a++; /*执行过程是：b = a，a = a + 1，因此，执行完后 a = 4，b = 3 */

【例 3-3】 自增、自减运算符的使用。

```
#include "stdio.h"
int main(void)
{
int a=3,b=9;
int c,d;
printf("a=%d,b=%d\n",a,b);/*输出 a,b 运算前的值*/
c=a++;                    /*先使用 a 的值进行赋值运算后再自增 1*/
d=b--;                    /*b 先自减 1 后再进行赋值运算*/
printf("c=%d,d=%d\n",c,d);
printf("a=%d,b=%d\n",a,b); /*输出 a,b（自增或自减）运算后的值*/
return 0;
}
```

运行结果：

```
a=3,b=9
c=3,d=9
a=4,b=8
```

【注意】

（1）自增、自减运算符只能放在变量前或变量后，不能用于常量或表达式。

（2）自增、自减运算常用于循环语句中，使循环变量增 1 或减 1。

（3）自增、自减运算符属于单目运算符，所以为右结合性。例如，-a++等价于-（a++）。另外，这两个运算符的优先级比其他 5 个算术运算符（加+、减-、乘*、除/、求余%）要高。

【实践】

（1）例 3-3 代码中修改语句 "c=a++; d=b--;" 为 "c=++a; d=--b;"。

（2）例 3-3 代码中修改语句 "c=a++; d=b--;" 为 "c=-a++; d=-b--;"。

写出运行结果并上机实践验证。

3.4.2　关系运算

关系运算符用于比较两个操作数的大小关系。C 语言提供的关系运算符如表 3-5 所示（假设变量 a，b 已定义）。

表 3-5　关系运算符

类　型	运　算　符	含　义	举　例
双目	>	大于	a>b、5>2
	<	小于	a<b
	>=	大于或等于	a>=b
	<=	小于或等于	a<=b
	= =	等于	a= =b
	!=	不等于	a!=b

这些关系运算符中，>、<、>=、<=优先级相同且高于优先级也相同的==、!=。它们的优先级低于算术运算符，且为左结合性。

3.4.3 逻辑运算

C 语言提供的逻辑运算符如表 3-6 所示（假设变量 a，b 已定义）。

表 3-6　　　　　　　　　　　　　　　逻辑运算符

类　　型	运　算　符	含　　义	举　　例
双目	&&	与	a&&b
	||	或	a||b
单目	!	非	!a

这些逻辑运算符中，优先级由高到低分别为单目运算符!、双目运算符&&、||。它们的优先级低于关系运算符，且为左结合性。

3.4.4 位运算

位运算是指对一个数的二进制位的运算，因此位运算符只能应用于各种整型数据（包括整型和字符型）。C 语言提供的位运算符如表 3-7 所示（假设 a，b 已定义）。

表 3-7　　　　　　　　　　　　　　位运算符

类　　型	运　算　符	含　　义	举　　例	运　算　规　则
双目	<<	向左移位	a<<n	a 向左移出 n 位后，在右边补上 n 个零
	>>	向右移位	a>>n	a 向右移出 n 位后，如果 a 是有符号数就补符号位，否则就补零
单目	~	各位取反	~a	将 a 按位取反：0 变 1，1 变 0
双目	|	按位或	a|b	将 a 和 b 的对应位进行或运算：0|0=0　0|1=1　1|0=1　1|1=1
	&	按位与	a&b	将 a 和 b 的对应位进行与运算：0&0=0　0&1=0 1&0=0　1&1=1
	^	按位异或	a^b	将 a 和 b 的对应位进行异或运算：0^0=0　0^1=1　1^0=1　1^1=0

两个操作数要进行位运算，系统会将两个操作数对应的二进制数按位运算符的运算规则进行运算。如果在一个表达式中含有多个位运算符，则必须考虑位运算符的优先级和结合性。在位运算符中，优先级由高到低依次为：～→>> 、<<→&→^→|，同级运算符具有左结合性。

3.4.5　其他运算

1．赋值运算符

赋值运算符的作用是将一个表达式的值赋给一个变量。C 语言提供了单赋值运算符（=）和复合赋值运算符。复合赋值运算符是由其他运算符和"="结合在一起构成的，其他运算符包括算术运算符（+-、-、*、/、%）和位运算符（<<、>>、^、&、|）。比如：+=、<<=等。它们的优先级仅高于逗号运算符，右结合性。

2．( )运算

( )是强制类型转换运算符，属于单目运算符。它的用法在 3.3.2 小节已作介绍。

3．, 运算

逗号运算符是 C 语言中优先级最低的运算符。使用该运算符能够将多个表达式连接起来，形成一个逗号表达式，一般格式是：

表达式 1,表达式 2,…,表达式 n；

例如：3,3+4,b=a 是一个逗号表达式。（假设已定义变量 a,b。）

该逗号表达式的值是最后一个表达式（即表达式 b=a）的值。

4．sizeof 运算

字节长度运算符属于单目运算符。

格式：

sizeof(数据或数据类型)

括号中的数据可以是变量，也可以是类型名。

例如：

float a;

char b;

则表达式 sizeof（a）的值为 4，sizeof（char）的值为 1。

5．? : 运算

条件运算符是 C 语言中唯一的三目运算符。

格式：

表达式 1?表达式 2:表达式 3

它的含义是当表达式 1 为真，该表达式的值为表达式 2 的值，否则为表达式 3 的值。例如：3>4? 3:4，该条件表达式的值为 4。

3.4.6　表达式和表达式的值

前面多次提到"表达式"这个概念，它是指用不同运算符和括号将操作对象连接起来且符合 C 语言语法规则的式子。单个变量是简单表达式，其他的统称为复杂表达式，可按照运算符的种类来进行划分。

一个表达式可能包含常量、变量和多种运算符，正确计算表达式的值取决于不同运算符的优先级以及它们的结合性这两方面的因素。求取表达式的值时，第一步应考虑表达式中所有运算符的优先级高低问题，优先级决定优先计算哪个运算符；第二步再考虑结合性的问题，当在运算对象两侧运算符的优先级相同的情况下，结合性决定该运算对象应该先与其左边还是先与其右边的运算符结合进行运算。需要说明的是，如果先与左边的运算符结合运算称这个运算符为左结合性，否则称为右结合性。

1. 算术表达式

算术表达式由算术运算符、括号和操作对象连接而成。操作对象可以是常量、变量、复杂表达式或有值函数调用等。

例如：

int a,d;

char b;

float c;

则表达式 a*b+c、a*(b+c)就是算术表达式。

在进行表达式求值时，应严格按照上面所说的两个步骤完成。比如算术表达式 a+b%c*d 的求值过程是：（1）由于运算符%和*优先级高于+，另外，同级的运算符%和*是左结合性，因此，变量 b 与变量 c 先进行%运算，再进行*运算；（2）最后进行+运算。

2. 关系表达式

关系表达式由关系运算符、括号和操作对象连接而成。操作对象可以是常量、变量、复杂表达式或有值函数调用等。

例如：3>6、4!=4、a>=b、a<b<c、a<b>=c 等都是关系表达式。

关系运算符是比较两个操作对象之间的大小关系，如果这个关系为真就用 1 来表示，否则用 0 来表示。因此，任何一个 C 语言关系表达式的值只能是两种之一：0 或 1。

例如：3>2 结果为 1，（0==0）!=1 结果为 0。

例如：int a=3,b=6,c=5；则表达式 a<b>c= =b 的值为 0。

求值过程是：（1）由于运算符<和>优先级高于==，另外，同级的运算符<和>是左结合性，因此，变量 a 与变量 b 先进行<运算，再进行>运算；（2）最后进行==运算。

3. 逻辑表达式

逻辑表达式由逻辑运算符、括号和操作对象连接而成。其中操作对象可以是常量、变量、复杂表达式或有值函数调用等。当操作对象为非 0 时用 1 表示。任何一个 C 语言逻辑表达式的值只能两种之一：0 或 1。

例如：3&&6、4||4、a&&b、a&&b||c、!a 等都是逻辑表达式。（假设变量 a，b，c 已定义。）

设有两个表达式分别为 e_1 和 e_2，由 e_1 和 e_2 组成的逻辑表达式 $e_1||e_2$、$!e_1$ 和 $e_1\&\&e_2$ 结果如表 3-8 所示。

表 3-8   逻辑运算符

e_1	e_2	$!e_1$	$e_1\&\&e_2$	$e_1||e_2$
非 0（1）	非 0（1）	0	1	1
非 0（1）	0	0	0	1
0	非 0（1）	1	0	1
0	0	1	0	0

对于复杂逻辑表达式求值时，先算!，再算&& ，最后算||，同级关系运算符按照左结合性进行计算。

例如：int a = 3，b = 6，c = 5；则逻辑表达式! a&&b||c 的值为 1。

求值过程是：（1）由于运算符!的优先级最高，先计算!a 的值；（2）相同优先级的运算符&&和||是左结合性，因此，!a 的值与变量 b 先进行&&运算，最后再进行||运算。

例如：int a = 7，b = 8；当 e1 为 a = 2，e2 为 b = 4，则逻辑表达式 e1||e2 的结果是 1。

请问执行该逻辑表达式后，a 和 b 的值分别为多少呢？

类似这种情况，必须继续考虑到以下规则。

对于 e1||e2，如果 e1 表达式的值为非 0，就不计算 e2 的值了，即 e2 不执行，反之，则要计算 e2 的值。

对于 e1&&e2，如果 e1 表达式的值为 0，就不计算 e2 的值了，即 e2 不执行，反之，则要计算 e2 的值。

因此，a 等于 2，b 仍为 8。

4. 赋值表达式

赋值表达式是由赋值运算符将一个变量和一个表达式连接起来的式子。

一般格式是：

变量=表达式

它的功能是将赋值运算符右侧表达式的值赋给其左侧的变量。

例如：a=5　　　/*将 5 赋给变量 a*/

　　　a=a+b　　/*将表达式 a+b 的值赋给变量 a*/

　　　a=(b=3)　/*将表达式 b=3 的值赋给 a，表达式 b=3 也是一个赋值表达式*/

此外，如果赋值运算符为复合赋值运算符（即双目运算符=），包括：+=、-=、*=、/=、%=、>>=、<<=、&=、^=、|=，则该算符赋值表达式的格式是：

变量　双目运算符=　表达式

等价于

变量　=　变量　双目运算符　（表达式）

【注意】　赋值表达式的赋值运算符左边只能是单个变量。比如 "a+b=a" 则是一个错误的赋值表达式。同时，在计算赋值表达式值时，要考虑它的右结合性。

例如：a = b = 3 等价于 "b = 3，a = b"。

又如：int a = 4，b = 5，c = 6；则 a*= b += c 也是一个合法的赋值表达式，它的求解过程如下

（1）赋值运算符*=和+=具有相同的优先级，所以考虑它们的右结合性，先计算 b+=c，即 b = b + c。

（2）再计算 a*= b，即 a =a*b。

该赋值表达式执行后，a 的值为 44，b 的值为 11，c 的值仍为 6。

3.4.7　运算符的优先级和结合性

上节提到表达式的求值过程需要考虑表达式中不同运算符的优先级以及它们的结合性两方面的因素。表 3-9 列出了 C 语言提供的所有运算符的优先级及其结合性。

表 3-9   **C 语言的运算符**

优 先 级	运 算 符	含 义	要求运算对象的个数	结 合 性
1	() [ ] -> •	圆括号 下标运算符 指向结构体成员运算符 结构体成员运算符		左结合
2	! ~ ++ -- - （类型） * & sizeof	逻辑非运算符 按位取反运算符 自增运算符 自减运算符 负号运算符 强制类型转换运算符 指针运算符 地址运算符 字节长度运算符	单目运算符	右结合
3	* / %	乘法运算符 除法运算符 求余运算符	2	左结合
4	+ -	加法运算符 减法运算符	2	左结合
5	<< >>	左移运算符 右移运算符	2	左结合
6	< <= > >=	关系运算符	2	左结合
7	== !=	等于运算符 不等于运算符	2	左结合
8	&	按位与运算符	2	左结合
9	^	按位异或运算符	2	左结合
10	|	按位或运算符	2	左结合
11	&&	逻辑与运算符	2	左结合
12	||	逻辑或运算符	2	左结合
13	?:	条件运算符	3	右结合
14	= += -= *= /= %= >>= <<= &= ^= | =	赋值运算符	2	右结合
15	,	逗号运算符	至少 2 个	左结合

【例 3-4】　程序中的运算举例。

```
#include "stdio.h"
int main(void)
{
    int a=3,b,c;
    float f1=16.9f;
    char ch1='a',ch2='A';
    b=++a;    /*算术运算，赋值运算*/
    c=a>>1;   /*位运算*/
    printf("a=%d,b=%d,c=%d\n", a,b,c);
    c=(a=2)&&(b=0),8;    /*逻辑运算，逗号运算*/
    /*如果该语句改为 c=((a=2)&&(b=0),8);   运行结果如何*/
    printf("a=%d,b=%d,c=%d\n", a,b,c);
    c=a>b?(int)f1:20;   /*关系运算，条件运算，强制类型转换*/
    printf("c=%d\n",c);
    printf("float 类型数据所占的字节数：%d\n",sizeof(f1));
    return 0;
}
```

运行结果：

```
a=4,b=4,c=2
a=2,b=0,c=0
c=16
float 类型数据所占的字节数：4
```

【实践】　学习 C 语言编程的过程中，最重要的是进行上机实践的过程，在这个过程中总结经验、验证并巩固所学习的新知识点，最后应用到实际问题的解决中去。因此，编程者可在例程 3-4 的基础上自行修改其中表达式的内容，运行程序以验证自己预设结果的准确性。

3.5　再次了解 C 语言源程序

前面几节介绍了构成 C 语言源程序的基本语言元素。从文件的角度看，C 语言源程序由一个或多个文件组成，其中的文件包括源文件（*.c）、头文件（*.h）以及资源文件等。源文件和头文件主要定义了程序中所要用到得变量、常量、函数等。对于每个 C 程序来说，必须有唯一的一个源文件（*.c）包含了 main 函数的定义，而 main 函数则是整个程序的入口和程序的结束之处。在 main 函数中通过调用各文件中定义的其他函数来完成程序的运行。下面先了解每个程序中都必不可少的函数——main 函数。

3.5.1　分析 main 函数

构成 C 源程序的基本单位是函数，main 函数是程序的入口与出口，main 函数中可以调用其他的函数，每个源程序都有且仅有一个 main 函数。main 函数的一般格式如下：

[int /void]　main（[int argc,char *argv[]]）/*函数首部*/

{　　　　　　　　　　/*函数体*/

变量定义；

语句系列；

}

上面 main 函数定义中"[]"中的内容可有可无。[int /void]表示 main 函数结束后（实际上也是程序结束后）向调用该程序返回的值类型，如果是操作系统调用该程序，返回的值传给操作系统。如果指定的返回值类型为 void（空类型），则程序结束时可以不返回值，其效果和没有该"[]"对是一样的。[int /void]"参数列表"一般可以写为 void（空类型）；函数返回一个值给调用者时使用 return 语句，其格式如下：

return　值；

返回的值可以是一个常量、变量、表达式甚至是一个函数调用的值，并且必须保证该值与函数定义时指定的返回类型一致，如 main 函数中定义的是 int 类型，则返回的值必须也是int 类型。

main 函数定义的"()"中的内容为函数参数，其中可以为空，也可以为一个固定的参数格式（"int argc, char *argv[]"），前一个参数 argc 表示在命令行状态下执行该程序时输入的以空格分隔的字符串个数（包括程序名本身），argv 则记录了所录入的这些字符串。argv[0]为命令行中可执行程序名本身，argv[1]为命令行中第二个参数的内容，依此类推。

【例 3-5】 命令行参数的输入与输出。

```
/*   commandline.c 文件 */
#include "stdio.h"
int main (int argc,char *argv[])
{
int i;
printf("\n 可执行文件名为: %s", argv[0]); /*数组元素的使用，在 5.1 节详细介绍*/
printf("\n 总共有%d 个参数:",argc);
i=0;
while(argc>=1)   /*循环语句，在 4.3 节详细介绍*/
    { printf(" %s    ",argv[i++]);    argc--; }
return 0;
}
```

运行结果如图 3-3 所示。

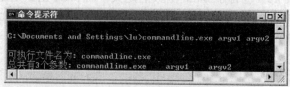

图 3-3　命令行参数的输入与输出

3.5.2　C 语言语句

C 语言源程序中的每个函数都是由多条语句组成的，没有语句，程序也就没有实际意义。C 语言规定每条语句都是以"；"结束。

C 语言提供的语句分为以下 5 类。

1．表达式语句

由一个表达式加上分号便构成了一条表达式语句，最常见的表达式语句是赋值表达式语句。

例如：a=8;　　/*赋值表达式"a=8"和"；"构成的赋值语句*/

2．流程控制语句

流程控制语句用来完成一定的控制功能。C 语言提供了三类共 9 条控制语句。

（1）实现条件结构的控制语句：if-else、switch-case 语句。

（2）实现循环结构的控制语句：while、do-while、for、continue、break、if-goto 语句。

（3）用于函数返回的控制语句：return 语句。

3．函数调用语句

函数调用语句是由函数调用和一个分号组成。

例如：printf("%d",a);　　/*"printf"输出函数和"；"构成的函数调用语句*/

4．复合语句

复合语句就是将若干条语句用一对花括号"{}"括起来的语句。

例如：

```
#include <stdio.h>
int main(void)
{
…
{                   /*下面一对花括号括起来的语句就是一条复合语句*/
int a=3,b=7;
printf("%d",a+b);
}
…
}
```

单个语句出现的地方就可以使用复合语句，复合语句可以嵌套使用。

5．空语句

空语句只有一个分号，表示什么也不做。

3.5.3　在控制台上输入输出

数据是程序运行中重要的组成部分，程序运行的正确与否，需要由程序运行后的结果来决定。不同的输入会产生相应的输出结果。因此，在调试程序时输入数据和显示数据是很重要的两个方面。输入数据和显示数据的方法有两种，一种是通过标准的输入和输出设备（即控制台）来完成，另一种是将数据存储在一个文件中，通过对文件的访问达到输入和输出数据。在这一节中，主要介绍基于控制台的输入输出方法，即输入输出的函数。

C 语言提供了相应的函数来完成基于控制台的输入和输出操作。常用的输入/输出函数有两种：格式化输入/输出函数以及字符的输入/输出函数。

首先需要说明的是，在使用系统提供的库函数时，要用预处理命令#include 将有关的"头文件"包括到用户源文件中。例如，在调用标准输入输出库函数时，文件开头需要写预处理命令# include <stdio.h>，将与输入输出函数有关的标准输入输出头文件（stdio.h）包含到源文件中来。

1. 格式化输入/输出函数

（1）printf( )——格式化输出函数。

调用 printf( )函数的格式是：

printf（格式控制，变量列表);

printf 函数的作用是将任意类型的数据按指定的格式输出。

格式控制是一个以双引号括起来的字符串，可以包括两部分：一部分是以"%"开头的格式符，另 部分是需要原样输出的字符串；变量列表指出要输出的常量、变量或表达式。

printf()函数中常用的格式符及含义如表 3-10 所示。

表 3-10 　　　　　　　　　　　　printf()函数中常用的格式符

格　式　符	含　　义	输出数据的类型
%d 或%i	以十进制形式输出一个有符号整型数据，正号省略	有符号整型
%x，%X	以十六进制形式输出一个无符号整型数据	无符号整型
%o	以八进制形式输出一个无符号整型数据	
%u	以十进制形式输出一个无符号整型数据	
%c	输出一个字符型数据	字符型
%s	输出一个字符串	字符串
%f	以十进制小数形式输出一个实型数据	实型
%e，%E	以十进制指数形式输出一个实型数据	实型
%g，%G	按自动选择%f 或%e 中输出宽度较小的格式输出，且不输出无意义的零	实型

【例 3-6】 printf 函数的使用。

```c
#include "stdio.h"
int main(void)
{
    int a=3,b=4;
    float c=2.56f;
    char d='a';
    char *e="123eg";
    unsigned   f=2u;
```

```
printf("How are you?\n"); /*格式控制字符串原样输出*/
printf("%d\n",a);/*输出整型数据*/
printf("a=%d,b=%d\n",a,b);
printf("a=%4d,b=%4d\n",a,b);/*按规定列宽输出整型数据*/
printf("a=%-4d,b=%-4d\n",a,b);
printf("c=%f\n",c);/*输出实型数据*/
printf("c=%.2f\n",c);/*按规定精度输出实型数据*/
printf("c=%6.2f\n",c);
printf("d=%c,e=%s\n",d,e);/*输出字符、字符串数据*/
return 0;
}
```

图 3-4　printf 函数的使用

运行结果见图 3-4。

【注意】

① 格式控制中每个格式符依次对应后面变量列表中的内容进行输出，非格式符的字符串严格按照原样输出，其中的转义字符按其特殊的含义来输出。

② 格式符前面的整数值控制输出值所占的列宽，正整数表示输出值左补相应的空格以达到要求列宽，负整数表示右补相应的空格以达到要求列宽，无整数则按默认的格式输出。如果数据本身比要求列宽大，则按实际数据输出。

③ 输出实数时，%后的小数值表示输出数据小数点之后的位数。

（2）scanf( )——格式化输入函数。

调用 scanf( )函数的格式是：

scanf（格式控制，变量地址列表）；

scanf 函数的作用是按格式控制字符串指定的格式将任意类型的数据存入变量地址列表指定的地址单元。

格式控制是一个以双引号括起来的字符串，可以包括两部分：一部分是以"%"开头的格式符，另一部分是需要原样输入的字符串；变量地址列表指出要输入变量的地址。

scanf()函数中的格式符及含义如表 3-11 所示。

表 3-11　　　　　　　　　　　　scanf()函数中常用的格式符及含义

格 式 符	含 义
%d 或%i	以十进制形式输入一个有符号整型数据
%x，%X	以十六进制形式输入一个无符号整型数据
%o	以八进制形式输入一个无符号整型数据
%u	以十进制形式输出一个无符号整型数据
%c	输入一个字符型数据
%s	输入一个字符串
%f	以十进制小数形式输入一个实型数据
%e，%E	以十进制指数形式输入一个实型数据
%g，%G	等价于%f 或%e 或%E

【例 3-7】　scanf()函数的使用。

```c
#include "stdio.h"
int main(void)
{
    int a,b;
    float c;
    char d;
    char s[10];    /*字符数组，在 5.3 节详细介绍*/
    printf("请依次输入数据：\n");
    scanf("%d,%d",&a,&b);  /*输入两个整数，注意两个%d 之间的逗号，属于非格式符*/
    scanf("%f",&c);        /*输入一个小数*/
    scanf("%c",&d);        /*输入一个字符*/
    scanf("%s",s);         /*输入一个字符串*/
    printf("\n 刚才输入的数据是：\n");
    printf("a=%d,b=%d\n", a, b );
    printf("c=%f\n", c );
    printf("d=%c\n", d );
    printf("s=%s\n", s );
    return 0;
}
```

运行结果见图 3-5。

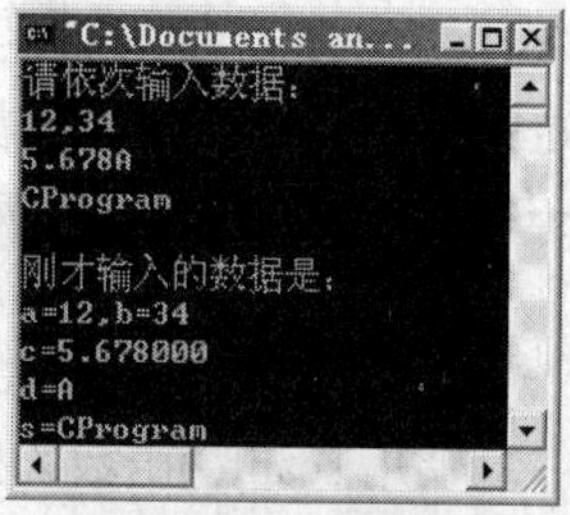

图 3-5　scanf 函数的使用

【注意】

① 格式控制中每个格式符对应后面变量地址列表，非格式符需要严格按照原样输入。

② 格式符前面的整数控制输入值所占的列宽。

③ 不能控制输入实型数据的精度。如：scanf("%.2f",&f); 是错误的。

④ 输入数据时，遇到以下情况时认为该数据结束：空格、回车或 Tab 键；达到指定的宽度；非法输入。

⑤ 建议写输入语句时采取以下方式：

```c
printf("a=");   scanf("%d" ,&a);
printf("b=");   scanf("%d" ,&b);
```

⑥ 本例中输入小数值后，如果按回车键，该回车键会被认为是字符变量 d 的值而存入变量 d 的地址单元中。

2．字符输入/输出函数

字符数据的输入输出除了用格式化函数之外，也可以用专门的字符输入输出函数。当然，在 C 语言中也提供了专门针对字符串数据的输入输出以及处理的函数，这些内容会在第 5 章详细介绍。

（1）putchar()——字符输出函数。

调用 putchar()函数的格式：

putchar（输出数据）；

putchar 函数的作用是在屏幕上输出（显示）一个指定字符数据，其中输出数据可以是字符变量，也可以是字符常量，还可以是整型常量和变量。

例如：

int a=65;

char b= 'A';

putchar(a);　　　　　　/*输出 ASCII 码为变量 a 的值的字符*/

putchar(65);　　　　　　/*输出 ASCII 为 65 的字符*/

putchar(b);　　　　　　/*输出字符变量 b 的值*/

putchar('A');　　　　　　/*输出字符'A'的值*/

以上四种 putchar 形式，输出的结果都是字符 A。

（2）getchar()——字符输入函数。

调用 getchar()函数的格式：

$$getchar( );$$

getchar 函数的功能是从键盘接收一个字符，这个字符可以赋给别的变量，可以作为其他函数的参数，也可以作为表达式的操作数。

例如：char a;

a=getchar();　　　/*从键盘输入一个字符赋给字符变量 a*/

putchar(**getchar()**);　　/*将输入的字符输出*/

while(**getchar()!='\n'**)　/*所输入的字符作为条件表达式的操作数*/

{

…

}

3.5.4　*.c 文件和*.h 文件

从前面可以看到 C 语言源程序的主体是*.c 文件和*.h 文件。在程序开发过程中，除了 main 函数只能放在*.c 文件中定义以外，其他函数既可以在头文件中定义，也可以在*.c 文件中定义。尽管如此，一般约定成俗地，程序员喜欢将函数的定义放在*.c 文件中，而往往在头文件中给出*.c 文件中定义的函数的声明，因此*.c 也称为实现文件。这样做是有其道理的。下面的例子说明了头文件和实现文件各自的好处。

【例 3-8】　编写两个简单程序，要求分别实现从键盘上输入 3 个数和 4 个数的最大值。

问题分析：先定义一个头文件，其中声明一个求 2 个数的最大值的函数 Max，文件名为 max.h，再定义一个文件实现函数 Max 的定义，文件名为 max.c（这两文件放同一文件目录 max 中）。在两个程序中分别用#include 指令引入 max.h 文件。

例程 3-8 代码（分两个程序代码）：

/*文件 max.h*/

int Max(int ,int);　　//声明 Max 函数

/*文件 max.c，实现 Max 函数*/

#include "max.h"

```
int Max(int a,int b)    /*/Max 函数头部*/
{return a>b?a:b;} /*Max 函数体*/
```

```
/*程序 ex3-8-1，实现从键盘上输入 3 个整数，求出其中最大数*/
#include "..\max\max.h"    /*包含 max.h 文件*/
#include <stdio.h>
void main()
{int a,b,c,m;
 printf("请输入 3 个整数：");
 scanf("%d%d%d",&a,&b,&c);
 m=Max(a,b);
 m=Max(m,c);
 printf("最大值为：%d\n\n",m);
}
```

```
/*程序 ex3-8-2，实现从键盘上输入 4 个整数，求出其中最大数*/
#include "..\max\max.h"    /*包含 max.h 文件*/
#include <stdio.h>
void main()
{int a,b,c,d,m;
 printf("请输入 4 个整数：");
 scanf("%d%d%d%d",&a,&b,&c,&d);
 m=Max(a,b);
 m=Max(m,c);
 m=Max(m,d);
 printf("最大值为：%d\n\n",m);
}
```
运行结果如图 3-6 和图 3-7 所示。

图 3-6　程序 ex3-8-1

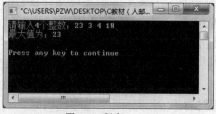

图 3-7　程序 ex3-8-2

从上面的例程可以看出在程序 ex3-8-1 和 ex3-8-2 中均使用了 max.c 文件中定义的函数 Max，都只需要在之前用#include 指令嵌入 max.h 头文件即可。这种方法为大型软件项目的开发和软件代码共享提供了极大的方便，已经成为了 C 程序员开发程序和代码共享的一种默认的规定。

小　结

通过本章的学习，我们了解 C 语言源程序的基本元素，包括标识符、常量和变量、基本数据类型、运算符、表达式及语句。常用基本数据类型主要有三种：整型、实型和字符型，编程者需要分别掌握这三种数据类型的分类以及使用方法。C 语言运算符非常丰富，计算表达式值时，要同时考虑到运算符的优先级和结合性。函数是构成 C 源程序的基本单位，目前需要掌握的是每个程序都必须实现的主函数的基本组成。最后需要熟悉在 C 语言中数据的输入和输出方法。

习　题

3-1　下面哪些是正确的标识符？

1sb　a147　14?4　ab.25　_14　a?47

3-2　下面哪些是正确的保留字？

If　if　else　Static　ab　const

3-3　下面哪些是标识符？哪些是保留字？

A　ab　b_147　if　else　Goto　main　default　_ab?

3-4　下面的变量在内存中的地址如何引用？

　　　　a　b　c　sum　average

3-5　一个变量具有哪些属性？

3-6　下列哪些是整型常量？

　789　087　0x345　84a　0234　234

3-7　下列哪些是实型常量？

8.12　1.　.12　123.123　11E2　2.e+3　3.34e3　5.4e9.9　e4　64.235e

3-8　下列哪些是字符常量？

'a'　'ab'　'b'　'?'　'2'　'\234'　'\x23'　'\25'　'\x3a'

3-9　下列数据在内存中分别占多少个字节？

int a;　long b;　char c;　float d;　"234"　"\234mnox"

3-10　假设有以下定义：

int a;　float b;　char c;

下列表达式结果分别是什么类型？

①a+b　②b+c　③a+c　④（float）c　⑤（int）（b+c）　⑥（int）c+b

3-11　求下列表达式分别执行完后，变量 a，b 的值分别是多少？（假设 a 的初值是 8。）

（1）b=——a；

（2）b= a——；

3-12　下列各表达式的值是多少？

```
int a=5,b=9,c=7;
char d='A';
float e=2.0, f=1e1;
```

（1）b/a　　　　（2）b%c　　　　　（3）c/f　　　　　（4）a+b-e

3-13　分析下列表达式分别执行后，变量 i，j 的值分别是多少？（假设 i 的初值是 3。）

（1）j = (−−i)+(−−i);

（2）j = (++i)+(++i);

3-14　写出下列各关系表达式的值。（假设 a = 3，b = 4，c = 5。）

（1）a>b>c　（2）a<b>c　　　（3）a<b<c

（4）a!=b　　（5）a!=b= =1　（6）a!=b!=c

3-15　计算下列各逻辑表达式的值。（a = 3，b = 4。）

（1）a&&b　　　（2）a||b　　　　（3）!a

（4）!b&&a　　（5）0&&b　　　（6）3||0

（7）a&&a||a　（8）0||0　　　　（9）!a&&b||!b

3-16　有以下定义：

int a = 7，b = 8;

（1）当 e1 为 a = 2，e2 为 b = 10，逻辑表达式 e1&&e2 执行后，a 和 b 的值分别是什么？

（2）当 e1 为 a = 7，e2 为 b = 9，逻辑表达式 e1||e2 执行后，a 和 b 的值分别是什么？

3-17　有以下定义：

unsigned char a='A', b='a';

分别求 a<<2、a>>2、~a、a|b、a&b、a^b 的值。

3-18　如何将一个整数中的位置 0 或置 1，其他位保持不变？（请举例说明。）

3-19　计算下列赋值表达式的值。（a，b 的值分别为 6 和 5。）

（1）a = b　（2）a+=b　（3）a+=b*=a　（4）a-=a/b

3-20　计算下列表达式的值。

（1）(a=3)+b%c*(int)(a/b)

设 b=4，c=8，d=2.0。

（2）!(a+b)-c&&b+c||!a||a-c

设 a=3，b=4，c=6。

3-21　阅读以下源程序：

```
#include"stdio.h"
int main(void)
{
int a,b,max;
scanf("a=%d,b=%d",&a,&b);
a++;;
b++;;
if(a>b) max=a; else max=b;
```

```
        printf("max=%",max);
    }
```

问题：说明该程序中各条语句分别属于哪种语句。

3-22 上机调试下列程序，并写出输出结果。（假设 a = 3，b = 4，c = 'a'。）

```
    #include"stdio.h"
    int main(void)
    {
    int a;
float b;
char c;
scanf("a=%d,b=%f",&a,&b);
scanf("%c",&c);
printf("%d%f%c",a,b,c);
printf("%s","etreyhrth23454");
return 0;
    }
```

3-23 简述 C 语言提供了哪几类库函数以及完成的主要功能。

3-24 选择题

（1）以下叙述中错误的是（   ）。

    A．用户所定义的标识符允许使用关键字

    B．用户所定义的标识符应尽量做到"见名知意"

    C．用户所定义的标识符必须以字母或下画线开头

    D．用户定义的标识符中，大、小写字母代表不同标识

（2）以下叙述中错误的是（   ）。

    A．C 语句必须以分号结束

    B．复合语句在语法上被看作一条语句

    C．空语句出现在任何位置都不会影响程序运行

    D．赋值表达式末尾加分号就构成赋值语句

（3）以下能正确定义且赋初值的语句是（   ）。

    A．int n1=n2=10;

    B．char c=32;

    C．float f=f+1.1;

    D．double x=12.3E2.5;

（4）设有定义：int k = 1，m = 2；float f = 7;，则以下选项中错误的表达式是（   ）。

    A．k = k > = k   B．−k++   C．k%int(f)   D．k> = f> = m

（5）有以下程序段：

```
    int  k=0,a=1,b=2,c=3;
     k=a<b ? b:a;   k=k>c ? c:k;
```

执行该程序段后，k 的值是（   ）。

A. 3   B. 2   C. 1   D. 0

（6）以下选项中可作为 C 语言合法常量的是（　　　）。

A. −80   B. −080   C. −8e1.0   D. −80.0e

（7）有以下程序：

```
main()
{   int m=12,n=34;
    printf("%d%d",m++,++n);
    printf("%d%d\n",n++,++m);
}
```

程序运行后的输出结果是（　　　）。

A. 12353514   B. 12353513   C. 12343514   D. 12343513

（8）下列选项中，不能用作标识符的是（　　　）。

A. _1234_   B. _1_2   C. int_2_   D. 2_int_

（9）以下符合 C 语言语法的实型常量是（　　　）。

A. 1.2E0.5   B. 3.14.159E   C. .5E-3   D. E15

（10）若以下选项中的变量已正确定义，则正确的赋值语句是（　　　）。

A. x1=26.8%3   B. 1+2=x2   C. x3=0x12   D. x4=1+2=3;

（11）以下叙述中正确的是（　　　）。

A. C 程序中注释部分可以出现在程序中任意合适的地方

B. 花括号"{"和"}"只能作为函数体的定界符

C. 构成 C 程序的基本单位是函数，所有函数名都可以由用户命名

D. 分号是 C 语句之间的分隔符，不是语句的一部分

（12）以下选项中可作为 C 语言合法整数的是（　　　）。

A. 10110B   B. 0386   C. 0Xffa   D. x2a2

（13）下列关于单目运算符++、--的叙述中正确的是（　　　）。

A. 它们的运算对象可以是任何变量和常量

B. 它们的运算对象可以是 char 型变量和 int 型变量，但不能是 float 型变量

C. 它们的运算对象可以是 int 型变量，但不能是 double 型变量和 float 型变量

D. 它们的运算对象可以是 char 型变量、int 型变量和 float 型变量

（14）若有以下程序：

```
main()
{   int k=2,i=2,m;
    m=(k+=i*=k);printf("%d,%d\n",m,i);
}
```

执行后的输出结果是（　　　）。

A. 8，6   B. 8，3   C. 6，4   D. 7，4

（15）以下选项中，与 k=n++完全等价的表达式是（　　　）。

A. k=n，n=n+1   B. n=n+1，k=n   C. k=++n   D. k+=n+1

（16）以下选项中不属于 C 语言的类型的是（   ）。

    A．signed short imt   B．unsigned long int

    C．unsigned int   D．long short

（17）假定 x 和 y 为 double 型，则表达式 x = 2，y = x + 3/2 的值是（   ）。

    A．3.500000   B．3   C．2.000000   D．3.000000

（18）下列选项中，合法的 C 语言关键字是（   ）。

    A．VAR   B．cher   C．integer   D．default

（19）若 a 为 int 类型，且其值为 3，则执行完表达式 a += a -= a*a 后，a 的值是（   ）。

    A．−3   B．9   C．−12   D．6

第4章

跟着基本流程走

导引

通过前面几章的介绍和例题的讲解，读者初步了解了 C 语言源程序中的基本元素、C 语言源程序的结构与执行的过程。那么应该怎么写出更复杂的源程序以解决一些实际问题呢？在本章的学习过程中，将详细介绍 C 语言源程序的三种基本程序结构（顺序结构、分支结构、循环结构）以及 C 语言中实现这三种基本结构的语句。

学习目标

◇　理解顺序结构。

◇　掌握 if 和 switch 语句的用法，理解分支结构。

◇　掌握 for、while 和 do-while 语句的用法，理解循环结构。

4.1　平坦的顺序语句

程序设计中最简单的结构是顺序结构，前面章节中出现的例程基本都是属于顺序结构。顺序结构程序段是按照语句的先后顺序执行，每一条语句均会被依次执行。一般来说，简单的顺序结构程序中的语句主要包括表达式语句和函数调用语句等。

顺序结构的一般形式是：

语句 1;

语句 2;

…

语句 n;

顺序结构执行过程如图 4-1 所示。

语句 1
语句 2
…
语句 n

图 4-1　顺序结构 N-S 流程图

【例 4-1】　输入一个数字字符，输出其对应的数字。(如输入‘0’，输出 0。)

```
#include "stdio.h"
int main(void)
{
    char  ch;
int   result;
printf("请输入字符数据 ch(0～9):");                    /*输入提示*/
scanf("%c",&ch);                                      /*读取输入数据 ch*/
result=ch-48;                                         /*数字字符转换成其对应数字*/
printf("输出：\n 字符数据 ch 是：%c；对应的数字 result 是：%d\n",ch,result);
/*输出结果*/
return 0;
}
```

运行结果如图 4-2 所示。

【实践】　编程：输入一个数字（0～9），输出其对应的数字字符及该字符对应的 ASCII 码。

【思考】　在执行例 4-1 时，如果输入一个非数字字符或输入两个字符，则程序运行是否能得出结果？请举例说明情况。

图 4-2　例 4-1 运行效果图

【例 4-2】　给两个整型变量赋值，再将它们的值交换后输出。

```
#include "stdio.h"
int main(void)
{
    int   a,b,t;
    printf("请输入两个整型数据到变量 a 和 b:\n");          /*输入提示*/
    printf("a=");     scanf("%d",&a);                   /*输入两个整型数据*/
    printf("b=");     scanf("%d",&b);
    printf("交换前变量 a=%d, b=%d\n",a,b);               /*输出交换前 a、b 的值*/
    t=a; a=b; b=t;                                       /*实现交换*/
    printf("交换后的结果是:a=%d, b=%d\n",a,b);            /*输出交换后 a、b 的值*/
    return 0;
}
```

图 4-3　例 4-2 运行效果图

运行结果如图 4-3 所示。

【实践】　调试程序时，能否将交换变量值的三条语句 "t=a; a=b;b=t;" 改成一条语句 "t=a,a=b,b=t;"，修改后程序结果有何变化？

【思考】　如果不使用临时变量 t，如何完成变量 a 和 b 的交换？

【例 4-3】　输入两个实型数据，输出它们的平均值及平方根的值。

```
#include "stdio.h"
#include "math.h"
int main(void)
```

```
{
    float   a,b,aver, sqa, sqb;
    printf("请输入两个实型数据:\n");                    /*输入提示*/
    printf("a=");      scanf("%f",&a);                /*输入两个实型数据*/
    printf("b=");      scanf("%f",&b);
    aver=(a+b)/2;                                     /*求平均值*/
    sqa=sqrt(a); sqb=sqrt(b);                         /*求平方根*/
    printf("两个实型数据的是平均值：%f\n",aver);        /*输出结果*/
    printf("变量 a 的平方根是%f，变量 b 的平方根是%f\n", sqa, sqb);
    return 0;
}
```

运行结果如图 4-4 所示。

【注意】

图 4-4　例程 4-3 运行效果图

（1）程序开头的预处理命令#include"math.h"将 math.h 头文件包含到程序中来，因为程序中需要使用 sqrt()平方根函数。

（2）在 C 程序中表达式"(a+b)/2"不能写成"$\frac{a+b}{2}$"。一般数学表达式需要转化成为 C 语言表达式才能出现在语句中，具体转换方式可见表 4-1。

表 4-1　　　　　　　　　　　　表达式转换

数学表达式	C 语言表达式	备　注
ab	a*b	在 C 语言中，乘号不能省略
$\sqrt{a}$	sqrt(a)	类似于 $\sqrt{\ }$、log 和 ln 这样的数学符号需要用 C 语言提供的数学函数来实现其功能，并要在程序中使用预处理命令#include"math.h"
π	3.1415926	直接用 π 的值来代替或者将其定义为符号常量
a^2	a*a	在 C 语言中，平方表示不能用
$\frac{a}{b}$	a/b	－号要改成/号
$\sin60^o$	sin(60*3.1415926/180)	像这种三角函数的角度要转换为弧度
$a \leqslant b$	a<=b	≤号要改成<=号

4.2　犹豫的岔路口——分支语句

　　顺序结构的程序流程简单明了，仅用于解决简单的问题。在解决很多复杂问题的时候依靠这种结构就远远不够了，程序往往要根据某些条件的真或假去决定是否执行某些对应的语句。比如判断考试通过与否的程序中，就需要根据考试分数与 60 分的大小关系来选择输出"及格"或"不及格"等信息。由此看来，这种结构的程序流程在某个判断点会有选择性地执行程序中的某些语句，而其他一些语句则不被执行到，它就是第二种基本结构——分支结构。C 语言中实现分支结构的两条语句是 if 语句和 switch 语句。

本节将通过典型程序的分析，详细介绍 if 和 switch 语句的用法以及分支结构程序设计的思想和方法。

4.2.1　二选一的岔路——if 语句

C 语言提供了 3 种格式的 if 语句，分别实现单分支结构、双分支结构和多分支结构。

1．if 语句实现单分支结构

语句格式：

if(表达式)　语句;

说明：当表达式的值为真（非 0）时，执行语句（如图 4-5 所示）。

图 4-5　单分支 if 语句流程图

【例 4-4】　输入一个百分制考试成绩，如果成绩在 60～100 之间，则输出 "及格"。

```
#include "stdio.h"
int main(void)
{
    float score;
    printf("请输入考试成绩(0～100):");              /*提示输入信息*/
    scanf("%f",&score);                            /*输入成绩*/
    if (score>=60&&score<=100)    printf("及格\n");   /*分数大于或等于 60 为及格*/
    return 0;
}
```

【注意】

（1）if 后括号内的表达式可以是任何类型的表达式，只有当这个表达式的值为非零（真）时执行之后的语句，否则不执行。此例程中的表达式属于关系表达式。

（2）if 后的括号不能省略。

（3）当输入的成绩值不在 60～100 之间时，本程序无输出。

【实践】　如果成绩值在 0～60 之间时输出 "不及格"，应该怎么修改程序？

【思考】　例 4-4 中的表达式 "score>=60&&score<=100" 等价于 "!(_____)"？另外，能否将它改成 "60<=score<=100"？

【例 4-5】　输入两个整型数据，按照从大到小的顺序输出。

```
#include "stdio.h"
int main(void)
{
    int a,b,t;
    printf("请输入两个整型数据:\n");                /*输入提示*/
    printf("a=");    scanf("%d",&a);
    printf("b=");    scanf("%d",&b);
    printf("交换前:a=%d,b=%d\n",a,b);             /*输出交换前的值*/
```

```
if(a<b) {t=a;a=b;b=t;}                            /*当 a<b 时交换次序*/
printf("交换后:a=%d,b=%d\n",a,b);                  /*输出交换后的值*/
return 0;
}
```

运行结果如图 4-6 所示。

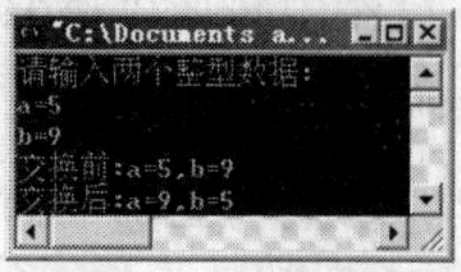

图 4-6　例 4-5 运行效果图

【注意】　当满足条件后要执行的语句是复合语句时，需要加一对花括号 "{" 和 "}"。

【实践】　输入两个实型数据，按照从小到大的顺序输出。

【思考】　如果要求将输入的 3 个整型数据按从大到小的顺序输出，应该怎么修改该例程？

【例 4-6】　输入两个整型数据，输出最小数。

```
#include "stdio.h"
int main(void)
{
    int a,b,min;                                   /*min 用来存放最小值*/
    printf("请输入两个整型数据 a,b:\n");             /*输入提示*/
    printf("a=");       scanf("%d",&a);
    printf("b=");       scanf("%d",&b);
    min=a;                                         /*假定当前最小值是 a*/
    if (min>b) min=b;                              /*当 min>b 时,则 b 是最小值*/
    printf("min=%d\n",min);                        /*输出最小值*/
    return 0;
}
```

【实践】　输入 3 个实型数据，输出其中最大者。

2．if 语句实现双分支结构

语句格式：

if(表达式)
语句 1；
else
语句 2；

说明：当表达式的值为真（非 0）时，执行语句 1，否则执行语句 2。语句 1 和语句 2 可以为复合语句，执行过程如图 4-7 所示。

表达式	
真	假
语句 1	语句 2

图 4-7　双分支 if 语句
N-S 流程图

【例 4-7】　修改例 4-1，如果输入一个数字字符（0～9），输出其对应的数字；如果输入其他字符，则输出 "非 0～9 字符，输入错误！"。

```
#include "stdio.h"
int main(void)
{
    char   ch;
    int    result;
```

```
    printf("请输入字符数据 ch(0~9):");                /*输入提示*/
    scanf("%c",&ch);                                /*读取输入数据 ch*/
    if( ch>='0' && ch<='9')                         /*也可写成 ch>=48 && ch<=57*/
    { result=ch-48;                                 /*数字字符转换成其对应数字*/
        printf("输出：\n 字符数据 ch 是：%c；对应的数字 result 是：%d\n",ch,result);
    }
    else printf("非 0~9 字符，输入错误！\n");
    return 0;
    }
```

【注意】

（1）要验证分支结构程序的充分正确性，在调试程序时必须保证使条件为真和条件为假时的数据都要被输入一次，包括边界条件。

（2）在语句 1 的后面有一个分号，这是由 if 语句定义格式所决定的。C 语言规定每一条语句都是以分号结束，所以语句 1 后面的分号必须有，不能省略。这一点与其他高级语言有所区别。

【实践】　如果输入"12"或"1a"时，本程序仍能输出数字字符"1"对应的数字，修改程序来解决这个问题。

【例 4-8】　判断某年是否为闰年。（能够被 4 整除但不能被 100 整除或者能被 400 整除的年为闰年。）

```
#include<stdio.h>
int main(void)
{
    int    year;
    printf("请输入 year:\n");                         /*输出提示*/
    scanf("%d",&year);                               /*输入数据*/
    if (year%4==0&&year%100!=0||year%400==0)         /*闰年判断条件*/
            printf("%d 是闰年\n",year);
    else
            printf("%d 不是闰年\n",year);
    return 0;
    }
```

【注意】

"year%4==0&&year%100!=0||year%400==0"是一个逻辑表达式。

3．嵌套的 if 语句实现多分支结构

if 语句可以嵌套使用。所谓 if 语句的嵌套就是指条件成立或不成立后执行的语句仍然是一条 if 语句。例如：

if(表达式 1)

if(表达式 2)

语句 1;

```
                              else    语句 2；
                 clsc
                     if (表达式 3)
                         语句 3；
                 else    语句 4；
```

执行过程如图 4-8 所示。

图 4-8　嵌套 if 语句 N-S 流程图

【例 4-9】　输入一个百分制成绩，输出其等级。等级分为 A（90～100）、B（80～89）、C（70～79）、D（60～69）和 E（60 以下）。

例 4-9 代码 1：

```c
#include <stdio.h>
int main(void)
{
    float score;
    char grade;
    printf("请输入分数(0-100): ");                /*输入提示*/
    scanf("%f",&score);                          /*输入成绩 score*/
/*求出成绩的等级*/
    if(score>=90)       grade='A';               /*90 以上为 A*/
    else if(score>=80)      grade='B';           /*80～89 为 B*/
        else if(score>=70)   grade='C';          /*70～79 为 C*/
            else   if(score>=60)  grade='D';     /*60～69 为 D*/
                else   grade='E';                /*60 以下为 E*/
    printf("成绩等级为：%c\n",grade);              /*输出等级*/
    return 0;
}
```

【注意】

分析嵌套结构时，要注意 else 与 if 的配对。C 语言规定，else 总是与离它最近且尚未配对的 if 配对。因此，在写 if 嵌套语句时最好把嵌套的 if 语句用 "{ }" 括起来，以免出现 if、else 匹配出错及阅读困难现象，并将程序源代码排成锯齿状，形成明显的结构层次。

例 4-9 代码 2：

```
#include <stdio.h>
int main(void)
{
    float score;
    char grade;
    printf("请输入分数(0-100): ");                    /*输入提示*/
    scanf("%f",&score);                              /*输入成绩 score*/
    if(score>=80)                                    /*求出成绩的等级*/
        if(score>=90)   grade='A';                   /*90 以上为 A*/
        else     grade='B';                          /*80~89 为 B*/
    else    if(score>=70)   grade='C';               /*70~79 为 C*/
                else    if(score>=60)   grade='D';   /*60~69 为 D*/
                        else grade='E';              /*60 以下为 E*/
    printf("成绩等级为：%c\n",grade);                  /*输出等级*/
    return 0;
}
```

【注意】　实质上，二分支和多分支都可以转换成多个单分支。有时为了方便或减少书写条件时的重复，往往选择用多分支和二分支。如例程 4-9 代码中的等级确定也可以用下面的 if 形式实现：

```
        if(score>=90)   grade='A';                   /*90 以上为 A*/
        if(score>=80&&score<90)   grade='B';         /*80~89 为 B*/
        if(score>=70&&score<80)   grade='C';         /*70~79 为 C*/
        if(score>=60&&score<70)   grade='D';         /*60~69 为 D*/
        if(score<60)   grade='E';                    /*60 以下为 E*/
```

【思考】　如果输入 100 分以上或 0 分以下的成绩时，本程序仍能显示该成绩的等级，请修改程序来解决这个问题。

【实践】　调试以下程序，比较结果，注意语句①和语句②的区别。

（1）
```
#include <stdio.h>
int main(void)
{
int a=4,b=7,c=0;
if(a>8)  if(b>5)  c=1;  else  c=2;          ①
printf("c=%d",c);
}
```
（2）
```
#include <stdio.h>
int main(void)
{
```

```
int a=4,b=7,c=0;
if(a>8) { if(b>5)    c=1; } else    c=2;          ②
printf("c=%d",c);
}
```

4.2.2　多选一的岔路——switch 语句

if 语句能够实现多分支结构，不管例程 4-9 中需要分成多少个等级都可以使用 if 语句完成。很显然等级越多，则嵌套的层数也就越多，程序显得冗长且可读性很差。因此，C 语言提供了 switch 语句来专门处理多分支结构。

switch 语句的一般格式：

```
                    switch(表达式)
                    {
                        case    值 1:语句 1;
                        case    值 2:语句 2;
                               …
                        case    值 n:语句 n;
                        default:语句 n+1;
                    }
```

其中：

表达式：值为整型、字符型或枚举型的表达式。

值 1，值 2，…，值 n：整型常量、字符型常量或枚举型常量。

语句 1，语句 2，…，语句 n，语句 n+1：单条语句或复合语句。

switch 语句的执行过程如下：首先计算表达式的值，然后用此值来查找各个 case 后面的常量表达式，直到找到一个等于表达式值的常量表达式，则转向该 case 后面的语句去执行；若表达式的值不等于任何 case 后面常量表达式的值，则转向 default 后面的语句去执行，如果没有 default 部分，直接去执行 switch 后面的语句。

对于例 4-9，也可使用 switch 语句。

```
#include <stdio.h>
 int main(void)
{
    float score;
    int s;
    char grade;
    printf("请输入分数(0-100):");                    /*输出提示输入信息*/
    scanf("%f",&score);                            /*输入成绩*/
    if(score>=0 && score<=100)
    { s=(int)score/10;                             /*将成绩缩小 10 倍后取整*/
        switch(s)                                  /*开关语句 switch*/
        {
```

```
case 10:grade='A';break;        /*s= =10 时，执行语句 grade='A'*/
case 9:grade='A';break;         /*s= =9 时，执行语句 grade='A'*/
case 8:grade='B';break;         /*s= =8 时，执行语句 grade='B'*/
case 7:grade='C';break;         /*s= =7 时，执行语句 grade='C'*/
case 6:grade='D';break;         /*s= =6 时，执行语句 grade='D'*/
default:grade='E';              /*s 为其他值时，执行语句 grade='E'*/
}
printf("成绩等级为：%c\n",grade);               /*输出等级*/
}
else    printf("成绩输入有误！\n");
return 0;
}
```

【注意】

（1）当表达式的值与某一个 case 后面的值相等时，就执行此 case 后面的语句，直到在某个 case 后的语句中遇到 break 语句才结束 switch 语句的执行。若所有的 case 中的值都没有与表达式的值匹配时，就执行 default 后面的语句。

（2）当有若干个 case 后执行的语句相同时，可以将这若干个 case 连续写在一起，保留最后一个 case 后执行的语句即可。像上例中的 switch 语句可以改成以下形式：

```
switch(s)
{
    case 10:
    case 9:grade='A ';break;
    …
}
```

（3）当某个 case 后面执行的语句被省略时，冒号不能省。

（4）case 与后面的值之间以空格分开。

（5）case 后面的值必须互不相同，否则会相互矛盾。

【例 4-10】　某车间按工人加工零件的数量发放奖金，奖金分为五个等级：每月加工零件数 N < 1000 者奖金为 100 元；1000 <= N < 1100 者奖金为 300 元；1100 <= N <1200 者奖金为 500 元；1200 <= N <1300 者奖金为 700 元；N >= 1300 者奖金为 900 元。从键盘输入加工零件数量，显示应发奖金数。

```
#include <stdio.h>
  int main(void)
{
    int N,p,t;
    printf("请输入加工零件数 N:");              /*输出提示*/
    scanf("%d",&N);                             /*输入加工零件数量*/
    if(N>=0)
    { t=N/100;                                  /*将数量缩小 100 倍*/
```

```
    switch(t)                                    /*开关语句 switch*/
    {
    case 0:
    case 1:
    case 2:
    case 3:
    case 4:
    case 5:
    case 6:
    case 7:
    case 8:
    case 9: p=100;break;                         /*当 t<10，奖金 p=100*/
    case 10: p=300;break;                        /*当 t=10，奖金 p=300*/
    case 11: p=500;break;                        /*当 t=11，奖金 p=500*/
    case 12: p=700;break;                        /*当 t=12，奖金 p=700*/
    default: p=900;                              /*当 t>=13，奖金 p=900*/
    }
    printf("应发奖金:%d\n",p);                    /*输出奖金*/
}
else printf("输入有误！\n");
return 0;
}
```

【注意】 可以将上述代码中的 t<10 的各条 case 放在一行，即 "case 0:case 1:case 2:case 3: case 4:case 5:case 6:case 7:case 8:case 9: p=100;break;"。

4.3 不可少的重复——循环语句

前面介绍的顺序结构和分支结构已经可以解决一部分实际问题了，但是在现实生活中只有这两种结构显然是不够的。比如之前的例程中一般只有一次输入，程序会根据这次输入的数据得出相应的输出结果，如果还需要输入数据，又必须重新运行程序。假设现在需要连续输入或输出 100 次数据，编程者一定不会为此写一百条输入或输出语句，此时就需要用到第三种基本结构——循环结构来完成这些必要的重复操作。C 语言提供了四条语句实现循环结构：for 语句、while 语句、do-while 语句和 if-goto 语句。

本节将通过典型程序的分析，详细介绍前三条循环语句的用法以及循环结构程序设计的思想和方法。另外，if-goto 语句由于影响程序的结构性和可读性，在本书中不予介绍。

4.3.1 谨慎的循环——while 语句

while 语句的一般格式是：

while(表达式)

循环体语句；

执行过程如图 4-9 所示。

while 语句的执行过程可描述如下。

（1）计算表达式的值，当表达式为真（非 0）时，执行第（2）步；否则，执行第（4）步。

当表达式为真	
	循环体语句

图 4-9　while 语句 N-S 流程图

（2）执行循环体语句（一条语句或复合语句）。

（3）转到第（1）步执行。

（4）结束循环，执行 while 后面的语句。

由此可以看出，while 语句在执行循环体语句之前就进行了循环条件的判断。

【例 4-11】 输入若干个学生的 C 语言程序设计课程的成绩，当输入负数时代表输入结束，统计输入成绩的个数。

例 4-11 代码 1：

```c
#include<stdio.h>
int main(void)
{ float score;
  int count;
  count=0;                                      /*计数变量赋初值 0*/
  printf("请输入第一个学生成绩(负数代表结束):");  /*输入提示*/
  scanf("%f",&score);                           /*输入第一个学生成绩*/
  while(score>=0)                               /*while 语句*/
  {
  count++;                                      /*计数变量增 1*/
  printf("请输入下一个学生成绩(负数代表结束):");  /*输入提示*/
  scanf("%f",&score);                           /*输入下一个学生成绩*/
  }
  printf("成绩个数为%d\n",count);                /*输出成绩个数*/
  return 0;
  }
```

运行结果如图 4-10 所示。

图 4-10　例 4-11 运行效果图

【注意】

（1）该程序中当输入的成绩为负数时结束 while 循环，因此 while 循环又称为当型循环，先判断条件，如果条件为真就执行循环体语句，否则退出循环。

（2）while 语句格式中的循环体是单条语句或复合语句，表达式可以是任何有确定值的表达式。

【实践】 输入一行字符，统计并输出数字字符和空格的个数。

4.3.2 鲁莽的循环——do-while 语句

do-while 语句的一般格式是

do

{循环体语句；

} **while(表达式);**

执行过程如图 4-11 所示。

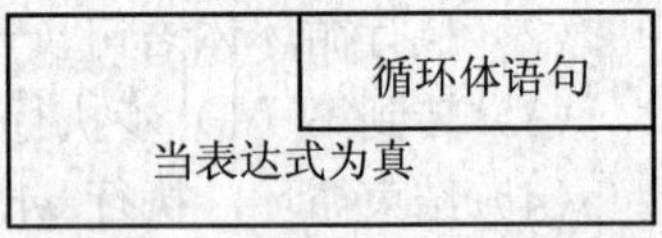

do-while 语句的执行过程可描述如下。

（1）执行循环体语句（一条语句或复合语句）。

（2）计算表达式的值，当表达式为真（非 0）时，执行
第（1）步；否则，执行第（3）步。

循环体语句
当表达式为真

图 4-11　do-while 语句 N-S 流程图

（3）结束循环，执行 while 后面的语句。

由此可以看出，do-while 语句在执行一次循环体语句之后才进行循环条件的判断。

对于例 4-11，也可使用 do-while 语名。

例 4-11 代码 2：

```
#include <stdio.h>
int main(void)
{
   float score;
   int count;
  count=0;                                        /*计数变量赋初值*/
   do                                             /*do-while 语句*/
   { count++;                                     /*计数变量增 1*/
      printf("请输入一个学生成绩(负数结束):");      /*输出提示信息*/
      scanf("%f",&score);                         /*输入一个学生成绩*/
   } while(score>=0);
   printf("所有成绩个数为%d\n",count-1);           /*输出成绩个数*/
   return 0;
   }
```

【注意】

（1）do-while 循环又称为直到循环，先执行循环体语句后判断条件，如果条件为假就退出循环，否则继续执行循环体语句。

（2）do-while 语句格式中的循环语句可以是单条语句或复合语句，表达式可以是任何可以确定值的表达式。

（3）do-while 语句中的 while（表达式）后一定要加分号结束语句。

【实践】　在例 4-11 代码 1 和代码 2 的循环体中分别添加语句 "printf("进入循环体\n");"，调试两个程序并分析结果有什么异同。

【思考】　while 语句与 do-while 语句有什么区别？

4.3.3　重复次数明确的循环——for 语句

for 语句的一般格式：

for(表达式 1;表达式 2;表达式 3)
循环体语句;

执行过程如图 4-12 所示。

for 语句的执行过程可描述如下。

（1）求解表达式 1。

（2）求解表达式 2，若为真，则执行循环体语句；否则，转向第（5）步。

（3）求解表达式 3。

（4）返回第（2）步。

（5）循环结束，执行 for 语句之后的语句。

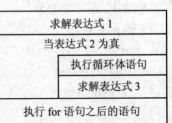

图 4-12　for 语句 N-S 流程图

【例 4-12】　输出 5! 的值。

```c
#include <stdio.h>
int main(void)
{ int s, i;
    for(s=1,i=1;  i<=5;  i++) s=s*i;
    printf("5!= %d\n", s);
}
```

【注意】

（1）通过该例题可以看出，表达式 1 可以是一个逗号表达式。循环体语句"s=s*i;"称为累乘表达式，s 是用来存放累乘积的变量，一般情况下它的初值为 1。

（2）for 之后的括号中"i=1"为循环变量的初始化，"i<=5"为循环条件，"s=s*i;"为循环体语句，"i++"为循环变量的变化表达式。实质上，一个完整的循环结构都包含四部分：循环变量的初始化、循环条件、循环体和循环变量的变化。当循环条件为真时执行循环体，否则退出循环。当循环条件永为真时，则循环永远不会停止，故称为死循环。

（3）for 语句往往用于循环次数确定的循环结构。

（4）for 语句括号的后面一般没有分号，否则会产生意想不到的结果。

例如：

for(s=1,i=1; i<=5; i++); s=s*i;

for 语句括号后多了个";"号，代表循环体为空。因此，这段程序的执行结果是：5!=6。

【实践】　编程：求 1+2+3+…+100 的值。

【思考】

（1）for 语句格式中的表达式 1、表达式 2 和表达式 3 能否省略？

实际上，for 语句格式中的各表达式是可以省略的，但不是删去不用，而是可以放在其他相关的地方。

例 4-12 可修改为

…
```
{ int s=1, i=1;
  for(  ;  i<=5 ;   ) { s=s*i;   i++;}
  …
}
```
例 4-12 还可修改为：
```
{ int s=1, i=1;
  for(  ;  ;  )
  {  if(i>5) break;                          /*break 语句用于退出 for 循环*/
     s=s*i;   i++;
  }
  …
}
```

for 语句括号中的任何一个表达式可以被省略，但表达式后面原有的分号是不能省略的。如果表达式 1 省略，则一般放在循环语句 for 的前面；如果表达式 2 省略，则放在原循环体语句前面，并且需要借助 if 语句、break 语句或 continue 语句作为本次循环体执行的结束条件；如果表达式 3 省略，则放在原循环体语句后面一同作为新的循环体语句。

（2）for 语句和 while、do-while 语句可以相互转换吗？

答案是肯定的，只是需要考虑 for 语句括号内表达式的位置问题和循环条件的确定问题。

例 4-12 可修改为
…
```
{ int s=1, i=1;
  while( i<=5 ) { s=s*i;   i++;}
  …
}
```
例 4-12 还可修改为
```
{ int s=1, i=1;
  do{ s=s*i;   i++;}while( i<=5 );
  …
}
```

【例 4-13】 输入 10 个学生 C 语言程序设计课程的成绩，统计及格学生的人数。
```
#include <stdio.h>
int main(void)
{
  float score;
  int i, num=0;
  for(i=1;i<=10;i++)                        /*for 语句*/
  {
    printf("请输入第[%d]个学生的成绩:",i);     /*输出提示信息*/
```

```
    scanf("%f",&score);              /*输入第 i 个学生成绩*/
    if(score>=60) num++;             /*如果第 i 个学生的成绩及格,则计数变量加 1*/
    }
    printf("共有%d 个学生成绩及格。\n",num);
    return 0;
}
```

运行结果如图 4-13 所示。

图 4-13　例 4-13 运行效果图

【注意】　为了处理更复杂的问题,循环体中往往包括其他条件语句或循环语句。

【实践】　编写程序:输入 100 个整型数据,输出能被 3 整除的数。

【思考】　如果将该例程中的 i=1 改成 i=2,则 i<=10 如何修改才能使次数为 10?

【例 4-14】　求以下数列的前 10 之和:

1/2,　3/1,　4/3,　7/4,　11/7,　…

分析:这是一个求累加和问题。累加的通式为:s=s+temp,s 初值为 0,用于计算累加和,temp 代表每次增加的变量值。观察这个数列的特点,可以看出下一个数都可以通过前一个数求出。因此,只要确定第一项,后面的各项都可以求出。由于数列中每个数的分子和分母之间没有任何关联,所以可以定义两个变量分别表示每个数的分子和分母。

```
#include"stdio.h"
int main(void)
{
    int a,b,i,t;
    float s=0,temp;
    a=1;b=2;                    /*a 表示分子初值为 1,b 表示分母初值为 2*/
    for(i=1;i<=10;i++) /*10 个数相加*/
    {
        temp=(float)a/b;         /*根据分子和分母求每个数的值*/
        s=s+temp;                /*累加*/
        t=a;                     /*a 变化前的值暂存在另一个变量中,否则被覆盖*/
        a=a+b;                   /*各项的分子都等于前一项分子与分母的和*/
        b=t;                     /*各项的分母都等于前一项的分子*/
    }
    printf("累加结果是:%.2f\n",s);
}
```

程序运行结果:累加结果是:16.26。

【注意】　使用循环结构来编程,关键是要确定循环结构的四部分,其中最重要的是找出规律,确定循环体。

【实践】　编程:求 1!+2!+…+10!

【例 4-15】　平面图形的输出。编程实现以下图形的输出:

— 65 —

```
        *
       ***
      *****
     *******
    *********
```

分析：仔细分析需要输出的图形。首先将该图形的每一行左补空格使其左边对齐，这样每行字符包括三部分：空格、非空格字符和换行符。前面两部分的输出一般用 for 语句循环实现，for 语句中的循环次数可以通过分析输出字符的个数和所在行数之间的关系来确定。

```c
#include <stdio.h>
int main(void)
{
    int i,j;
    for(i=1;i<=5;i++)                           /*控制行数*/
    { for(j=1;j<=5-i;j++)                        /*每行空格的输出*/
        printf("%c",' ');
      for(j=1;j<=2*i-1;j++)                      /*每行非空格的输出*/
        printf("%c",'*');
      printf("\n");                              /*换行符的输出*/
    }
    return 0;
}
```

【注意】

（1）本例程中使用到循环的嵌套，即循环语句中又包含一个循环语句。循环嵌套根据嵌套循环语句的层数，分为二重循环、三重循环和四重循环等。

例如：

$$\text{外循环}\begin{cases} \text{while(表达式)} \\ \quad\{\text{语句 1;} \\ \quad\text{for(表达式 1;表达式 2;表达式 3)} \\ \quad\quad\text{循环体} \\ \quad\text{语句 2;} \\ \quad\} \end{cases} \quad \left.\begin{matrix} \\ \\ \end{matrix}\right\}\text{内循环}$$

该二重循环的执行过程如图 4-14 所示。

通过该图可以看出，二重循环的外循环必须要等内循环全部执行完毕后才能进行下一次的循环。

（2）嵌套的循环变量不能重名（如本例程中的变量 i 和 j），并列的循环变量（如本例程中内循环的变量 j）可以重名。

（3）类似本例程的图形输出问题一般使用二重循环来实现。其中外循环控制行数，内循环控制每行各字符的输出。写程序时，最关键的是找出每行各字符的个数和行数之间的关系以及每行的格式规律。

【实践】　模仿例 4-15 的代码，编程实现以下图形的输出。

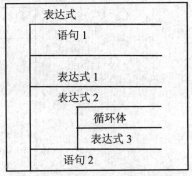

```
******
******
******
******
******
```

图 4-14　二重循环结构 N-S 流程图

【例 4-16】　比赛安排问题。

两个乒乓球队进行比赛，各出 3 人。欢欢队为 X、Y、Z 3 人，乐乐队为 A、B、C 3 人，已经抽签决定了比赛名单。据内部消息透露，X 不和 B 比赛。请编程找出 3 对比赛的名单。

```c
#include <stdio.h>
int main(void)
{
    char i, j, k;
    for(i = 'A'; i<='C'; i++)                    /* 分别表示 X 的对手 */
        for(j ='A';j <='C';j++)                  /* 分别表示 Y 的对手 */
            for(k = 'A';k<='C';k++)              /* 分别表示 Z 的对手 */
                if(i!='B' && i!=j && j!=k && i!=k)
                    printf("X--%c    Y--%c    Z--%c\n", i, j, k);
    return 0;
}
```

运行结果如图 4-15 所示。

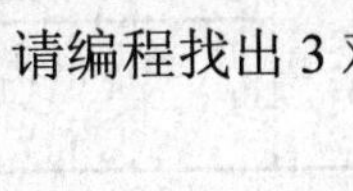

图 4-15　例 4-16 运行效果图

【注意】　此类问题是属于逻辑推理题，可以用穷举法来解决。穷举法就是将每种情况列举出来，找出符合条件的解。如在本例程中，X 的对手、Y 的对手和 Z 的对手分别用一条 for 语句列举出来，再用 if 语句找出符合条件 "X 不和 B 比赛" 的解。

本例程中使用的是三重循环，一般格式如下：

```
for(表达式 11;表达式 12;表达式 13)
    for(表达式 21;表达式 22;表达式 23)
        for(表达式 31;表达式 32;表达式 33)
循环体;
```

其执行过程如图 4-16 所示。

【实践】　模仿例 4-16 的代码，编写程序求解百鸡题：鸡翁一，值钱五；鸡母一，值钱三；鸡雏三，值钱一；百钱买鸡，问翁、母、雏各几何？

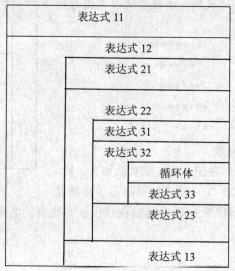

图 4-16 三重循环结构 N-S 流程图

4.3.4 善意的打断——break 和 continue

通过前面循环结构的执行过程可以得知，循环变量不断变化直到循环条件为假时才会结束循环，而且每次循环条件为真时就要执行循环体中的每条语句。但是，有些情况下需要提前结束循环或者某次循环只需要执行循环体中的部分语句，这时应该怎么办呢？

例如有这样一个问题：要找出 1000 的所有因子（不包括本身）。因子是能被该数整除的数，而大于 500 的数是不能被 1000 整除的。所以，我们可以写出以下程序段：

for(i=1;i<=500;i++)   if(1000%i= =0) printf("%d   ", i);

如果将条件"i<=500"改成"i<1000"，需要改写程序段为

for(i=1;i<1000;i++)   if(1000%i= =0) printf("%d   ", i);

上述两个程序段的功能相同，但循环次数完全不一样。第一个程序段的循环次数是 500 次，第二个程序段的循环次数是 999 次，接近前一个程序段循环次数的 2 倍。很显然，在能够正确解决问题的前提下，程序的循环次数越少越好，程序的效率越高越好。因此，应该怎么修改循环体才能使第二个程序段的循环次数也为 500 次呢？为了提前结束循环或者某次循环只执行循环体中的部分语句，C 语言提供了两条语句：break 语句和 continue 语句，流程图参见图 4-17。

由图 4-17 可知，break 语句与 if 语句配合使用可以提前结束循环，即当表达式 2 的值为真，则退出循环，执行循环的下一条语句，否则执行语句 2，继续循环结构；continue 语句与 if 语句配合使用可以使某次循环只执行循环体中的部分语句，即当表达式 2 的值为真，继续执行表达式 1，循环体中的语句 2 不执行，否则执行语句 2，，继续循环结构。

因此，程序段

for(i=1;i<1000;i++)   if(1000%i= =0) printf("%d   ", i);

可以借助 break 语句将循环次数变为 500 次，修改如下：

for(i=1;i<1000;i++)

```
{  if(i>500)  break;
   if(1000%i= =0) printf("%d    ",  i);
}
```

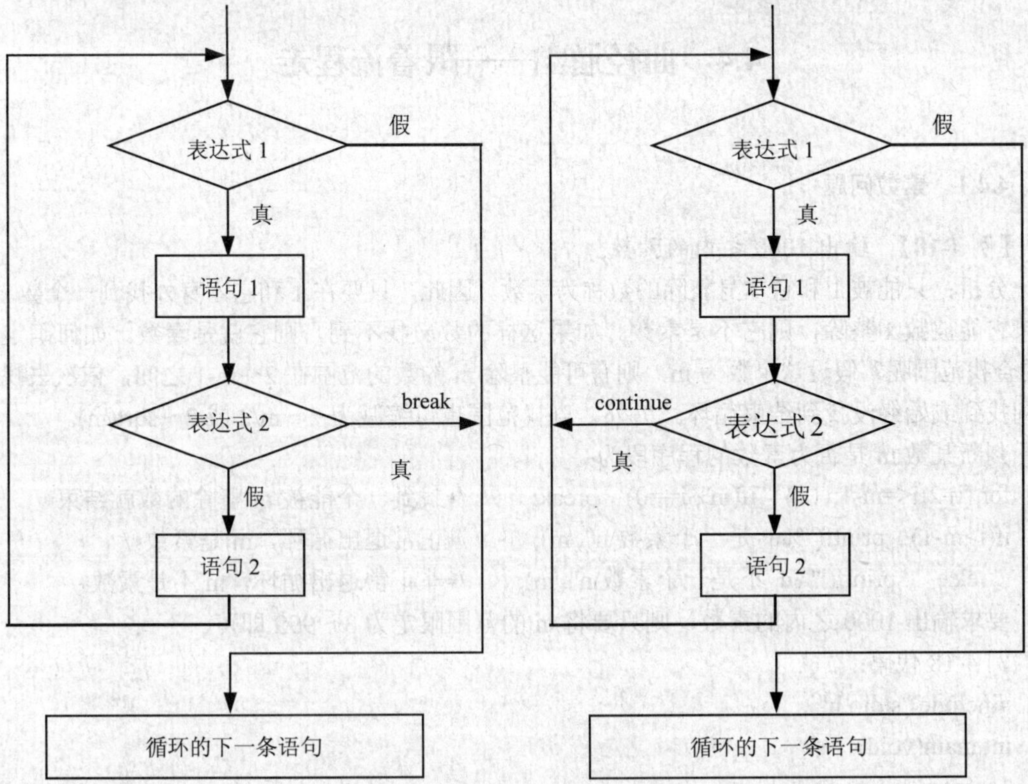

图 4-17　break 与 continue 流程图

也可以使用 continue 语句实现相同功能，修改如下：

```
for(i=1;i<=500;i++)
{   if(1000%i!=0) continue;
    printf("%d    ",  i);
}
```

【例 4-17】　求 100 以内能被 3 整除的数的和。

```
#include "stdio.h"
int main(void)
{   int i,sum=0;
    for(i=1;i<=100;i++)
    {   if(i%3!=0) continue;
        sum+=i;
    }
    printf("100 以内能被 3 整除的数的总和是:%d\n",sum);
}
```

程序运行结果为

100 以内能被 3 整除的数的总和是：1683

【实践】 例 4-17 代码中不使用 continue 语句，应该怎么修改源程序？

4.4 曲径通幽——跟着流程走

4.4.1 素数问题

【例 4-18】 输出 1000 之内的素数。

分析：只能被 1 和它本身整除的数称为素数。因此，只要在 1 和它本身外找到一个数 x，如果它能被数 x 整除，则它不是素数。如果这样的数 x 找不到，则它就是素数。如何确定数 x 的查找范围呢？假设这个数为 m，则有可能整除 m 的数的范围在 2～m-1 之间，依次去找，直到找到或始终没找到结束循环。另外，查找范围也可缩减为 2～m/2 或 2～sqrt(m)。

判断某数 m 是否为素数的程序段为

```
for (i=2;i<=m-1;i++)   if(m%i==0)   break;      /*找到一个能被 m 整除的数就结束*/
if(i>m-1)   printf("%d  是一个素数\n", m);       /*正常退出循环，m 是素数*/
    else     printf("%d  不是一个素数\n", m);     /*非正常退出循环，m 不是素数*/
```

要求输出 1000 之内的素数，则只要将 m 的范围限定为 3～999 即可。

例 4-18 代码：

```
#include "stdio.h"
int main(void)
{   int m,i;
    printf("1000 之内的素数有：\n");
    for(m=3; m<1000; m+=2)
    { for (i=2;i<=m-1;i++)
        if(m%i==0)   break;              /*找到一个能被 m 整除的数就结束*/
      if(i>m-1)   printf("%-4d", m);      /*正常退出内循环，则 m 是素数*/
    }
    printf("\n");
    return 0;
}
```

运行结果如图 4-18 所示。

图 4-18 例 4-18 运行效果图

【注意】

（1）当在循环体中使用了 break 语句，则当出现两种情况时会退出循环：一种是不满足循环条件时正常退出；另一种是执行了 break 语句的非正常退出。在该例程中，正常退出说明能把 m 整除的数没找到，循环条件 i<=m-1 为假，即 i>m-1 为真时；非正常退出说明找到了可以整除 m 的数而提前结束循环，此时循环条件 i<=m-1 为真。

（2）break 语句有两种使用场合，一种是结束 switch 语句的执行，一种是结束循环语句的执行。

4.4.2　实用的计算器

【例 4-19】　编程实现一个计算器。分别输入两个计算数和运算符（+、-、*、/、%），输出运算结果。

分析：本例程需要根据输入的不同运算符来决定计算结果，因此程序中考虑使用分支结构的 switch 语句来实现这个过程，不同的 case 中对应不同的运算符来进行计算。另外，如果需要计算器可以重复被使用，则可以定义一个字符变量作为是否结束使用计算器的标志变量，此时考虑使用循环结构来实现这个过程。

例 4-19 代码：

```c
#include "stdio.h"
int main(void)
{   float n1,n2,result;
    char s='a', op; /*s 为计算标志字符, op 为运算符字符*/
    while( s!='y')
    {   printf("输入计算数 1："); scanf("%f",&n1);
        printf("输入运算符："); 
        getchar();/*读取输入计算数 1 后的回车字符*/
        scanf("%c",&op);    /*读取运算符*/
        printf("输入计算数 2："); scanf("%f",&n2);
        switch(op)
        { case '+': result=n1+n2;break;
          case '-': result=n1-n2;break;
          case '*': result=n1*n2;break;
          case '/': result=n1/n2;break;
          case '%': result=(float)((int)n1%(int)n2);break;
          /*取余运算%的运算数只能是整数,result 定义为实型，所以进行强制类型转换*/
          default: printf("输入运算符有误！");
        }
        if(op!='%')    printf("%g %c %g= %g\n", n1,op,n2,result);
            /*进行取余运算时,输出算式略有不同*/
            else printf("(int)%g %c (int)%g= %g\n", n1,op,n2,result);
        printf("是否退出计算器？(输入 y:退出，输入其他字符继续使用计算器)");
```

```
        getchar();/*读取输入计算数 2 后的回车字符*/
        scanf("%c",&s);
    }
    return 0;
}
```

运行结果如图 4-19 所示。

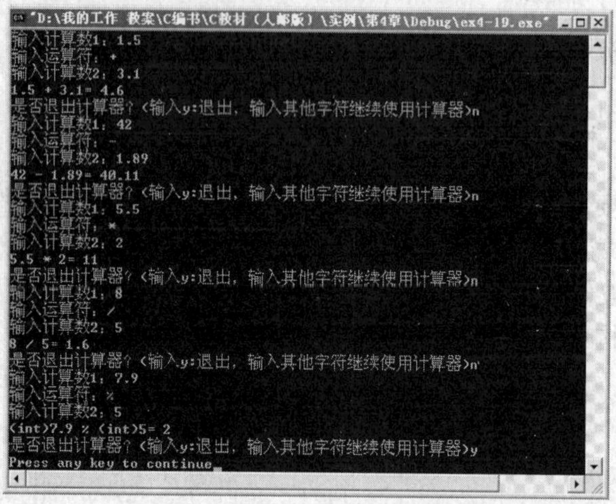

图 4-19　例 4-19 运行效果图

【注意】　在编写程序的过程当中，编程者应充分考虑到输入数据时会出现的问题，尤其是输入字符数据时，空格字符、回车字符等往往会被误读入输入语句中的字符变量中去。上机多加调试，输入不同的数据，包括不符合问题要求的数据，再根据输出结果一步步修改程序，这样才可以保证程序的准确性。

小　　结

本章介绍了程序中常用的三种控制结构：顺序结构、分支结构和循环结构，并且详细介绍了 C 语言中实现这三种结构的基本语句。正确使用这些结构将有助于设计出高度结构化的程序，这三种基本结构也可以组合成为任何复杂的程序设计。顺序结构程序的执行顺序就是语句的书写顺序，且每条语句均被依次执行。分支结构由 if 语句和 switch 语句实现，它们的特点是：程序的流程由多路分支组成，在程序的一次执行过程中，根据不同的情况，选择一条支路执行，其他的分支上的语句被直接跳过。循环结构可由三种语句实现：while、do-while 和 for 语句，它们的特点是：当满足某个条件时，程序中的某个部分可以重复执行多次。一个程序通常不是由一种结构实现，而是这三种结构的综合应用。这三种结构的有机结合可以完成一个复杂的程序设计。

习　题

4-1　编写程序：输入两个整型数据，输出它们交换后的结果。

4-2　编写程序：输入一个小写字母，输出对应的大写字母。如'a'对应的是'A'。

4-3　假设有

　int a=2,y;

　if(a) y=2;else y=3;

　执行该语句后，y 的值为多少？

4-4　设在一个程序中有以下语句：

　if　b>=0　y=5; else y=7;

　请问该语句是否正确？为什么？

4-5　设在一个程序中有以下语句：

　if (1)　y=5　else y=7;

　请问该语句是否正确？为什么？

4-6　编写程序：

$$y=\begin{cases} x & x\geq 0 \\ -x & x<0 \end{cases}$$

4-7　输入 3 个整数，输出最大者。

4-8　编写程序实现以下图形的输出。

```
1
12
123
1234
12345
```

4-9　输入两个整型数据和一个运算符，根据输入的运算符求这两个数的运算结果。如输入 '+'，则求这两个数的和。

4-10　写出以下程序的运行结果（输入值分别为 90，80，70，60，50）。

```c
#include <stdio.h>
int main(void)
{
    int score,s;
    char grade;
    printf("please input score(0-100)\n");
    scanf("%d",&score);
    s=score/10;
    switch(s)
    {
```

```
        case 10:
        case 9:grade='A';
        case 8:grade='B';break;
        case 7:grade='C';break;
        case 6:grade='C';
        default:grade='D';break;
    }
    printf("%c", grade);
    return 0;
}
```

4-11　输出 1000 以内的所有的水仙花数。（水仙花数：组成一个三位数的数字立方和等于其本身的数，如 $153=1^3+5^3+3^3$。）

4-12 分析下面程序的运行过程（用 N-S 流程图来表示）：

（1）
```
#include "stdio.h"
int main(void)
{
    int    sum,i;
    sum=0;
    for(i=0;i<=100;i++)
    sum=sum+i;
    printf("%d",sum);
}
```

（2）
```
#include "stdio.h"
int main(void)
{
    int    sum,i;
    sum=0;
    for(i=0;i<=100;i++);
    sum=sum+i;
    printf("%d",sum);
}
```

4-13　统计一个整数的位数。

4-14　猜数游戏：输入两个整数，并求这两个整数的和，输入所猜的结果，如果输入数比正确的结果要大，提示"大了"，如果输入数比正确的结果要小，提示"小了"，当猜对时结束游戏。

4-15　输出组成一个整数中的各位数字。

4-16　输入 10 个整数，输出它们中的最小者。（要求分别用三条循环语句来实现。）

4-17 输入 30 个学生 6 门课程的成绩，并输出每个学生的总成绩和平均成绩。

4-18 输入 10 个整数，分别输出它们中的最大者和最小者。

4-19 编程实现以下图形的输出（共 5 行）：

1

13

135

1357

13579

4-20 情侣配对问题。

三对情侣参加宴会，三个新郎为 X、Y、Z，三个新娘 A、B、C。有人想知道到底谁和谁是一对，于是提问，得到以下答案：X 说他和 B 不是一对，Y 说他既不和 A 是一对，也不和 C 是一对。请编程找出 3 对情侣名单。

4-21 用两种方法实现问题：输出 100 以内能够被 6 整除的数。

4-22 输出 200 以内的所有素数。（只能被 1 和本身整除的数为素数。）

4-23 写出以下程序的结果：

（1）

```c
#include "stdio.h"
int main(void)
{
    int i=1;
    while(i<=10)
    {
    i++;
    if(i%2!=0) continue;
    else printf("%3d",i);
    }
return 0;
}
```

（2）

```c
#include "stdio.h"
int main(void)
{
    int i=1;
    while(1)
    {
    i++;
    if(i%2==0)   printf("%3d",i);
    if(i>10) break;
    }
```

```
return 0;
}
```

4-24 选择题。

（1）有以下程序：

```
#include "stdio.h"
int main(void)
{
    int  a,b,d=25;
    a=d/10%9;
    b=a&&(-1);
    printf("%d,%d\n",a,b);
}
```

程序运行后的输出结果是（   ）。

A．6,1   B．2,1   C．6,0   D．2,0

（2）有以下程序

```
#include"stdio.h"
int main(void)
{
    int a=3,b=4,c=5,d=2;
     if(a>b)
     if(b>c)
     printf("%d",d++ +1);
     else
       printf("%d",++d +1);
     printf("%d\n",d);
   return 0;
}
```

程序运行后的输出结果是（   ）。

A．2   B．3   C．43   D．44

（3）下列条件语句中，功能与其他语句不同的是（   ）。

A．if(a) printf("%d\n",x); else printf("%d\n",y);

B．if(a==0) printf("%d\n",y); else printf("%d\n",x);

C．if (a!=0) printf("%d\n",x); else printf("%d\n",y);

D．if(a==0) printf("%d\n",x); else printf("%d\n",y);

（4）以下程序段中与语句 k=a>b?(b>c?1:0):0; 功能等价的是（   ）。

A．if((a>B) &&(b>C)) k=1;   B．if((a>B) ||(b>C)) k=1

                                                         else k=0;

C．if(a<=B) k=0;   D．f(a>B) k=1;

    else if(b<=C) k=1;   else if(b>C) k=1;

else k=0;

（5）有定义语句：int　a=1,b=2,c=3,x;，则以下选项中各程序段执行后，x 的值不为 3 的是（　　）。

A.　if (c<a) x=1;

　　else if (b<a) x=2;

　　else x=3;

B.　if (a<3) x=3;

　　else if (a<2) x=2;

　　else x=1;

C.　if (a<3) x=3;

　　if (a<2) x=2;

　　if (a<1) x=1;

D.　if (a<b) x=b;

　　if (b<c) x=c;

　　if (c<a) x=a;

（6）有以下程序：

```
#include "stdio.h"
int main(void)
{ int i=1,j=1,k=2;
 if((j++ || k++)&&i++) printf("%d,%d,%d\n",i,j,k);
return 0;
}
```

执行后输出结果是（　　）。

A.　1，1，2　　　　　B.　2，2，1　　　　　C.　2，2，2　　　　　D.　2，2，3

（7）已有定义：int x=3,y=4,z=5;，则表达式!(x+y)+z−1 && y+z/2 的值是（　　）。

A.　6　　　　　　　　B.　0　　　　　　　　C.　2　　　　　　　　D.　1

（8）有以下程序：

```
#include "stdio.h"
int main(void)
{   int a=15,b=21,m=0;
    switch(a%3)
    { case 0:m++;break;
     case 1:m++;
       switch(b%2)
       { default:m++;
       case 0:m++;break;
       }
    }
    printf("%d\n",m);
    return 0;
}
```

程序运行后的输出结果是（　　）。

A.　1　　　　　　　　B.　2　　　　　　　　C.　3　　　　　　　　D.　4

（9）设 a、b、C、d、m、n 均为 int 型变量，且 a=5、b=6、c=7、d=8、m=2、n=2，则逻辑表达式(m=a>b)&&(n=c>d)运算后，n 的值位为（　　）。

A．0　　　　　　　　B．1　　　　　　　　C．2　　　　　　　　D．3

（10）能正确表示逻辑关系："a≥10 或 a≤0"的 C 语言表达式是（　　）。

A．a>=10 or a<=0　　B．a>=0|a<=10　　C．a>=10 &&a<=0　　D．a>=10 ‖ a<=0

（11）有如下程序：

```
#include "stdio.h"
int main(void)
{    int   x=1,a=0,b=0;
    switch(x){
    case 0:   b++;
    case 1:   a++
    case 2:   a++;b++
    }
    printf("a=%d,b=%d\n",a,b);
    return 0;
}
```

该程序的输出结果是（　　）。

A．a=2,b=1　　　　　B．a=1,b=1　　　　C．a=1,b=0　　　　D．a=2,b=2

（12）以下程序输出结果是（　　）。

A．7　　　　　　　　B．6　　　　　　　　C．5　　　　　　　　D．4

```
    #include "stdio.h"
      int main(void)
        {   int    m=5;
          if(m++>5)   printf("%d\n",m);
          esle   printf("%d\n",m- -);
          return 0;
}
```

（13）有以下程序：

```
#include "stdio.h"
int main(void)
{ int   s=0,a=1,n;
  scanf("%d",&n);
  do
  { s+=1;   a=a-2; }
  while(a!=n);
  printf("%d\n",s);
  return 0;
}
```

若要使程序的输出值为 2，则应该从键盘给 n 输入的值是（　　）。

A．-1　　　　　　　B．-3　　　　　　　C．-5　　　　　　　D．0

（14）有以下程序：

```c
#include "stdio.h"
int main(void)
{  int i;
   for(i=0;i<3;i++)
   switch(i)
  {case 1: printf("%d",i);
   case 2: printf("%d",i);
   default: printf("%d",i);
  }
return 0;
}
```

执行后输出结果是（　　）。

A．011122　　　　　B．012　　　　　C．012020　　　　D．120

（15）有以下程序：

```c
#include "stdio.h"
int main(void)
{ int i=0,s=0;
  do{
     if(i%2){i++;continue;}
     i++;
     s +=i;
    }while(i<7);
  printf("%d\n",s);
  return 0;
}
```

执行后输出结果是（　　）。

A．16　　　　　B．12　　　　　C．28　　　　　D．21

（16）t 为 int 类型，进入下面的循环之前，t 的值为 0：

```c
while( t=1 )
{ …       }
```

则以下叙述中正确的是（　　）。

A．循环控制表达式的值为 0　　　　B．循环控制表达式的值为 1

C．循环控制表达式不合法　　　　D．以上说法都不对

（17）以下程序的输出结果是（　　）。

```c
#include "stdio.h"
int main(void)
{  int   a, b;
  for(a=1, b=1; a<=100; a++)
```

```
{ if(b>=10) break;
    if (b%3= -1)
        { b+=3;     continue; }
}
printf("%d\n",a);
return 0;
}
```

A. 101　　　　　　　B. 6　　　　　　　C. 5　　　　　　　D. 4

（18）以下程序执行后 sum 的值是（　　）。

```
#include "stdio.h"
int main(void)
{ int  i，sum;
  for(i=1;i<6;i++) sum+=i;
  printf("%d\n",sum);
  return 0;
}
```

A. 15　　　　　　　B. 14　　　　　　　C. 不确定　　　　　D. 0

（19）有如下程序：

```
#include "stdio.h"
int main(void)
{int    x=23;
 do
 {   printf("%d",x--);   }
 while(!x);
}
```

该程序的执行结果是（　　）。

A. 321　　　　　　　B. 23　　　　　　　C. 不输出任何内容　　D. 陷入死循环

（20）以下叙述正确的是（　　）。

A. do-while 语句构成的循环不能用其他语句构成的循环来代替

B. do-while 语句构成的循环只能用 break 语句退出

C. 用 do-while 语句构成的循环在 while 后的表达式为非零时结束循环

D. 用 do-while 语句构成的循环在 while 后的表达式为零时结束循环

第 5 章

轻松使用数组

导引

前面几章介绍了 C 程序的基本语言元素、基本数据类型以及程序设计中的基本结构——顺序结构、分支结构和循环结构。这些内容可以使编程者掌握一次性对少量数据进行处理的方法，如果需要对大批量且有较强相关性的数据同时进行处理，仅用简单的基本数据类型就不够了。C 语言设计者提供了复杂数据类型——构造类型的定义方法，使得编程者可以自己动手定义一种新的类型来解决这些问题，本章介绍其中一种构造类型——数组类型的定义和使用。

学习目标

◇ 掌握一维数组、二维数组的定义及使用方法。

◇ 掌握字符数组的使用方法。

◇ 运用数组解决简单问题。

5.1 构造一维数组

在实际的问题中可能要面临一大堆数据要处理，如输出全班 100 位学生《C 语言》课程的成绩和平均成绩，此类问题的特点在于数据量大且数据类型相同，无法使用少量的基本类型变量来解决，必须采取数组类型。

现实问题中的一大堆数据可以进行简单的分类，相同类型的数据集看作一个集合整体，或者说该集合中元素为相同类型的数据，这样的集合整体可以理解为数组。其中数组的元素可以是基本类型数据和其他用户自定义类型数据，甚至还可以是数组类型数据。如果数组的元素是一些基本类型数据，则该数组称为一维数组。

每个变量在计算机中实际上是用一定数量的内存空间来存放该数据的，如字符类型用 1 个字节来存放，单精度实型数据用 4 个字节来存放，同时给这些空间命名，即变量名。数组数据可以看作多个相同类型的匿名变量，把它们按顺序存储在一段连续的内存空间中，然后给这个连续空间一个名字，也就是数组名。通过数组名和下标我们可以访问该数组中的所有元素，这就是 C 语言处理数组的思想。

5.1.1 定义及初始化

在 C 语言中定义一维数组可以有以下三种定义格式：

① 类型名　数组名[元素个数]；
② 类型名　数组名[元素个数]={常量 1,常量 2,…,常量 n}；
③ 类型名　数组名[]={常量 1,常量 2,…,常量 n}；

例如：int a[100]; /*在主存中定义一个数组名为 a 的包含 100 个元素的 int 数组。
其内存空间如图 5-1 所示*/

例如：char ch[5]={ 'A', 'B', 'a', 'c'}; /*在主存中定义一个名为 ch 的字符类型数组，大小为 5，其中前 4 个元素被初始化为'A'、'B'、'a'、'c'，最后的元素未被初始化。其内存空间如图 5-2 所示*/

例如：float f1[]={0.1f,2f,5.6f}; /*在主存中定义一个名为 f1 的 float 类型数组，元素个数为 3，每个元素依次被初始化为 0.1f、2f、5.6f。其内存空间如图 5-3 所示*/

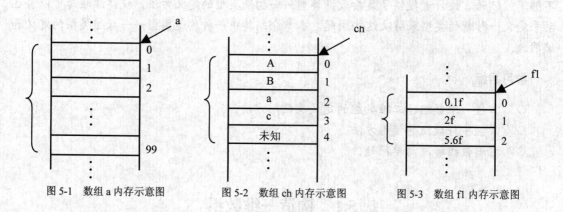

图 5-1　数组 a 内存示意图　　　图 5-2　数组 ch 内存示意图　　　图 5-3　数组 f1 内存示意图

5.1.2 元素的访问

根据一维数组在内存中的存储方式，C 语言规定访问一维数组元素的格式为：

数组名[下标]

其中"下标"可以为各种整型表达式。注意，C 语言中数组元素下标总是从 0 开始的，故其取值只能大于等于 0 且小于数组的元素个数，否则属于数组访问越界，会导致编译或运行错误。

若有定义：int a[10];，则语句 a[3]=10;表示对 a 数组中的第 3 个元素的值置为 10。而语句 int j=a[4];则表示将 a 数组中第 4 个元素的值赋给送入变量 j。对于语句 int k=a[10];则会出现编译错误，因为 a 数组中没有第 10 个元素，最大下标为 9。

下面的几行语句则可能会导致运行出错：

```
int a[10];
int i=0;
for(;i<20;i++)        a[i]=i*i;        /*当循环到 i 为 10 程序将终止并报数组下标越界错误*/
```

从上例中可以看出数组元素的访问过程中一定要注意下标的越界问题。

5.1.3　轻松的排序

【例 5-1】　　排序。将整型数组中的 10 个元素从小到大排序后输出。

分析：所谓冒泡排序，是指将一个由 n 个数据组成的待排序列经过多趟冒泡排序，使得整个数据序列成为有序序列。每趟冒泡可以确定待排序列中的一个最大或最小元素。若待排序列中有 n 个元素，则最多只需要经过 n-1 趟冒泡就可以完成排序，最少只需要一趟即可。每趟冒泡总是在待排数据序列中比较相邻两个元素的值，如相邻元素的值与待排的顺序不一致，则交换该两个相邻元素的值，如要从小到大排序，则前一个数比后一个数大，则为逆序，与排序方向不一致，所以要交换该两相邻元素的值。

例 5-1 代码 1：

```c
#include <stdio.h>
void main(void)
{   int a[10], i,j;
    int temp;
    printf("请输入数组 a 的 10 个元素：\n");
    for(i=0; i<10; i++) scanf("%d", &a[i]);
    for(i=8;i>=0;i--) /*冒泡排序*/
        for(j=0;j<=i;j++)
            if(a[j]>a[j+1])     /*相邻两个数依次进行比较，较小的数放在前面*/
            { temp= a[j]; a[j]= a[j+1];    a[j+1] =temp;   }/*逆序，交换相邻元素的值*/
    printf("从小到大排序后数组 a：\n");
    for(i=0; i<10; i++) printf("%d ", a[i]);
    printf("\n");
}
```

排序有很多办法，上面的冒泡排序是一种，下面用选择排序来完成同一个问题。

分析：选择排序算法的思想是将整个数组分为有序区和无序区。每轮排序，将无序区里最小的数插入到有序区，首先从待排序列中选出当前最小元素与第 0 个元素交换，确定最小元素，之后把剩下的所有元素看做待排序列，进行下一次选择，依此类推，若有 n 个元素，则要选择 n-1 次才能完成所有的排序。

例 5-1 代码 2：

```c
#include <stdio.h>
void main(void)
{   int a[10], i,j, min, temp;
    printf("请输入数组 a 的 10 个元素：\n");
    for(i=0; i<10; i++)
        scanf("%d", &a[i]);
    for( i=0;   i<=8;   i++) /*选择法排序*/
    { min=i;
```

```
        for( j=i+1 ;   j<=9;   j++)
            if( a[min] > a[j] )
                    min=j; /*找到最小数的下标赋给 min*/
        if(min!=i){ /*最小元素不是 i，则交换*/
        temp= a[i];   /*a[min]与 a[i]交换，令 a[i]成为目前最小的数*/
        a[i]= a[min];
        a[min] =temp;
            }
        }
        printf("从小到大排序后数组 a：\n");
        for(i=0; i<10; i++) printf("%d ", a[i]);
        printf("\n");
    }
```

程序运行结果如图 5-4 所示。

图 5-4 例 5-1 运行效果图

【思考】 找到排序算法中元素下标变化的规律就可以准确地写出循环语句中循环变量的变化范围。请思考是否有其他算法可以对数组进行排序。

5.2 构造二维数组

如果数组的元素是数组类型的数据，则该数组是二维（或二维以上）数组。三维或三维以上数组也叫多维数组。二维数组和多维数组实质上都是特殊的一维数组。

5.2.1 定义及初始化

二维数组是特殊的一维数组，每个元素均为大小相同且类型相同的一维数组，因此我们也可以把二维数组理解成一个由若干行元素组成的数据集合体，其中每行元素个数（列数）相同，每个元素类型相同。在 C 语言中常见的定义二维数组方法如下：

① 类型名 数组名[行数][每行元素个数]；
② 类型名 数组名[行数][每行元素个数]= { 初值数据集合}；
例如：int a[3][2];   /*定义二维数组 a，a 有 3 行，每行有 2 个 int 类型数据*/

在 C 语言中，二维数组在内存里是按行来存储的，对于上例的二维数组 a，其内存空间如图 5-5 所示。

例如：int   b[2][3]={{1,2,3},{4,5,6}};   /*定义了二维数组 b，b 有 2 行，每行有 3 个 int 数据，第 0 行 3 个元素依次被初始化为 1、2、3，第 1 行 3 个元素依次被初始化为 4、5、6，b 的内存空间，如图 5-6 所示*/

例如：char   c[2][3]={{ 'A', 'B', 'C'},{'a', 'b'}};
      char   c[][3]={{ 'A', 'B', 'C' },{'a', 'b'}};
      char   c[][3]={ 'A', 'B', 'C', 'a', 'b'};

/*以上三个定义结果相同，均定义了二维字符数组 c，c 有 2 行，每行有 3 个字符，第 0 行 3 个元素依次被初始化为'A'、'B'、'C'，第 1 行前 2 个元素依次被初始化为'a'、'b'*/

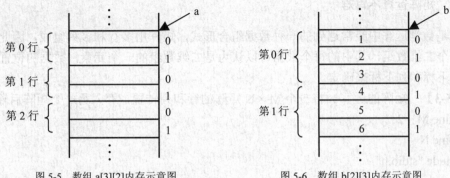

图 5-5　数组 a[3][2]内存示意图　　　　　　图 5-6　数组 b[2][3]内存示意图

通过以上定义可看出定义二维数组时若同时要初始化其中部分元素的值则其行数可以省略不写，但每行的元素个数必须给出，否则会报错。

5.2.2　元素的访问

在 C 语言规定访问二维数组元素的格式为

数组名[行号下标][列号下标]

如有定义：int a[10][20];

则 a[1][0]=100;表示将 a 数组中第 1 行第 0 个元素的值置为 100。对于二维数组元素的访问，同样要注意数组元素下标越界问题，即保证其行号下标和列号下标小于相应的行数和列数（每行元素个数）。

【例 5-2】　输入并输出二维数组中的元素。

```c
#include <stdio.h>
void main(void)
{ int a[3][2], i, j; /*i,j 为循环变量*/
    for(i=0; i<3; i++) /*二重循环，输入二维数组中各元素*/
        for(j=0; j<2; j++)
        {     printf("请输入 a[%d][%d]的值：", i,j);
            scanf("%d", &a[i][j] );
        }
    printf("数组 a[3][2]：\n");
    for(i=0; i<3; i++) /*二重循环，输出二维数组中各元素*/
    {    for(j=0; j<2; j++)
            printf("%d ", a[i][j] );
        printf("\n"); /*每次输出一行后，输出换行符*/
    }
}
```

程序运行结果如图 5-7 所示。

图 5-7　例 5-2 运行效果图

【注意】 本例程中在数据的输入、输出前均出现提示信息，这样体现了程序的友好性，可以尽量减少程序使用者在使用当中的误操作。

5.2.3 矩阵运算不再难

矩阵是数学运算中经常遇到的一种数据组合形式，矩阵由多行和多列组成，因此它可以看作是一个二维数组，其中的每个数据可以认为是二维数组的一个元素，数据的位置由二维数组的行下标和列下标来确定。

【例 5-3】 矩阵的运算。将一个 M×N 矩阵的行和列转置，存入另一个矩阵后输出。

```c
# define M   2
# define N   3
# include "stdio.h"
void main(void)
 {   int i,j,a[M][N],b[N][M];
    printf("输入矩阵 a (%d×%d):\n",M ,N);
    for (i=0;  i< M;  i++)
      for (j=0;  j< N;  j++)
         scanf("%d",&a[i][j]); /*读取矩阵 a 中各元素*/
    for (i=0;  i< M;  i++)
      for (j=0;  j< N;  j++)
         b[j][i]=a[i][j];      /*矩阵 a 各元素转置后存入矩阵 b*/

    printf("转置后的矩阵 b(%d×%d):\n", N , M);
    for (i=0;  i< N ;  i++) /*输出矩阵 b*/
        { for (j=0;  j<M;  j++)   printf("%d ",b[i][j]);
       printf("\n");
        }
 }
```

程序运行结果如图 5-8 所示。

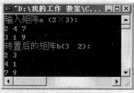

图 5-8 例 5-3 运行效果图

【实践】 输入一个矩阵（M×N），编程输出所有元素中的最大和最小元素以及各行中的最大和最小值。

【思考】 语句 scanf("%d",&a[i][j]);和语句 b[j][i]=a[i][j];是否可以合并到一个 for 嵌套循环中去？

5.3 特殊的数组——字符数组和字符串

C 语言中没有专门的字符串变量，如果要将一个字符串存放在内存中，必须使用字符数组，即用一个字符型数组来存放一个字符串，数组中每一个元素存放一个字符。例如：

        char c[10];   /*定义 10 个字符元素的字符数组*/

对字符数组的初始化最简单的方法即逐个赋值：

char c[10]={'I', ' ', 'a', 'm', ' ', 'h', 'a', 'p', 'p', 'y'}; /*各字符分别赋给 c[0]到 c[9]10 个元素*/

如果初值个数小于数组长度，则只将这些字符赋给数组中前面的元素，其余元素自动定为空字符（即'\0'）。例如：

char ch[12] ={'I', ' ', 'a', 'm', ' ', 'h', 'a', 'p', 'p', 'y'};

则 ch[10]、ch[11]值都为'\0'。

C 语言中，将字符串作为字符数组来处理。一般我们用字符数组来存放字符串时，都要先确定一个足够大的数组空间，而实际并用不了那么多，而我们只关心其有效位，为测定字符串实际长度，C 规定了一个"字符串结束标志"，以字符 \0 代表。如果有一个字符串，其中第 10 个字符为'\0'，则此字符串的有效字符为 9 个。也就是说，在遇到字符'\0'时，表示字符串结束，由它前面的字符组成字符串。

系统对字符串常量也自动加一个'\0'作为结束符。对于语句

pirntf("How do you do? \n");

实际上该字符串在内存中存放时，系统自动在最后一个字符'\n'的后面加了一个'\0'作为字符串结束标志，在执行 printf 函数时，每输出一个字符检查一次，看下一个字符是否为'\0'，遇'\0'就停止输出。

可以用字符串常量来初始化字符数组，例如：

char c[]={"I am happy"};

也可直接写成

char c[]="I am happy";

注意此时数组的长度不是 10，而是 11，因为系统自动加上了'\0'结束符。

字符数组不要求最后一个字符为\0，而为了使处理字符数组和字符串的方法一致，便于测定字符串的实际长度，使得方便在程序中处理，常在字符数组末尾也加上一个'\0'。

对字符数组的输入输出时应该注意以下几点。

（1）逐个字符输入输出，用格式符"%c"输入或输出一个字符。

（2）将整个字符串一次输入或输出。用"%s"格式符，意思是输出字符串（String）。例如：

char c[]={"china"};

printf("%s", c);

如果一个字符数组中包含一个以上'\0'，则遇第一个'\0'时输出就结束。

（3）若输入字符串长度超过字符数组所定义的长度时，将造成数组下标越界，但系统对此并不报错。

（4）用%s 格式输入字符时，遇空格、Tab 键和回车将自动结束输入。

5.4　数组的魅力——密码问题

【例 5-4】　在控制台上输入一行信息，将其中的字母按下面的规律进行变换形成密码，非字母字符保持不变。变化规律如下：

A→Z,　a→z

B→Y,　b→y

C→X,　c→x

…

Z→A,　z→a

如输入"123ABcD"，则输出"123ZYxW"。

分析：该问题实际上是一个简单的加密问题，其中只对 52 个大小字母进行变换。因为大小字母的变换规则是一样的，故只需要定义一个 2 行，每行 26 个元素的字符型二维数组 dict 来记录各字母的变换就可以了，第 0 行存储了变换前的字母，第 1 行存储对应变换后的目标字母。依此规则可以得到如下变换表：

A	B	C	D	E	F	G	H	I	J	K	L	M	N	O	P	Q	R	S	T	U	V	W	X	Y	Z
Z	Y	X	W	V	U	T	S	R	Q	P	O	N	M	L	K	J	I	H	G	F	E	D	C	B	A

观察规律可以看出，第 0 行只需按字母顺序存储各字母，第 1 行则按逆序存储各字母，变换时第 0 行的第 i 个字母应该对应第 1 行的第 i 个字母即可。程序中使用一个字符型数组 str 来存储输入的字符串，用字符型数组 result 来存放转换的结果。

例 5-4 代码：

```c
#include <stdio.h>
void main(void)
{
  char dict[2][26];        /*变换表数组*/
  char str[80];            /*存放输入的字符串*/
  char result[80];         /*存放变换后的结果*/
  int i，j;
  for(i=0;i<26;i++)        /*初始化变换表*/
  {    dict[0][i]='A'+i;   /*源字母表*/
       dict[1][i]='Z'-i;   /*目标字母表*/
  }
  printf("请输入要转换的字符串（长度小于 80）：\n");
  scanf("%s"，str);
  i=0;
  while(str[i]) /*如果 str 字符串未结束则进行相应的变换*/
  { if((str[i]>='A'&&str[i]<='Z')||(str[i]>='a'&&str[i]<='z'))
    {  /*对字母字符进行变换*/
      if(str[i]>='Z') /*该字母为小写字母*/
      {  j=0;
         while(dict[0][j]!=str[i]-32) j++; /*在变换表数组中查找字母 str[i]的下标 j*/
         result[i]=dict[1][j]+32;/ *转换成小写字母后送入 result[i] */
```

```
        }
    else                /*该字母为大写字母*/
    {   j=0;
        while(dict[0][j]!=str[i])j++;/*在变换表数组中查找字母 str[i]的下标 j*/
        result[i]=dict[1][j]; /*直接将大写字母送入 result[i] */
    }
    }
    else   result[i]=str[i]; /*对非字母进行处理*/
    i++;   /*检查下一个字符*/
}/*while 结束*/
result[i]=str[i];        /*字符串的结束字符'\0'送入 result*/
printf("\n\n 输入的串是：%s"，str);
printf("\n\n 转换后的串是：%s\n\n"，result);
}
```

运行结果如图 5-9 所示。

【注意】 字符数组被当作字符串处理时一定要注意在
字符数组的结束处的字符是 0（即字符'\0'的 ASCII 码值），
表示该字符串的结束。

图 5-9 例 5-4 运行效果图

【实践】 若例 5-4 的变换表数组加入非字母字符的变换，则程序还可以实现非字母字符的变换，请修改程序使其能实现全方位的加密变换。

【思考】 例 5-4 中对给出的字符串在变换表中进行了查找，因为变换表数组中的第 0 行是按字母表顺序存储的，能否直接使用给出的字母作为第 0 行的列下标，进行索引以检索出目标字母？若能，请修改程序并测试。

小   结

本章介绍了 C 语言中一维数组和二维数组的定义及访问元素的方法。在现实生活中，数组可以很好地解决具有大量同类型数据的问题。在灵活使用数组的同时一定要注意检测数组元素下标是否越界的问题。

习   题

5-1 用一维数组记录从键盘录入的一行字符，统计录入字符中的数字字符和字母字符的个数。

5-2 问题：定义一个数组，并初始化其中所有元素值，编程完成对数组中元素的逆置操作。如给出的数组为：

	A[0]	A[1]	A[2]	A[3]	A[4]	A[5]	A[6]	A[7]	A[8]
逆置前	5	10	45	23	12	78	92	21	22
逆置后	22	21	92	78	12	23	45	10	5

5-3　编写程序实现对加密的密码按例 5-4 中的加密原则进行解密。

5-4　写一程序对某一整型数组中的元素按从大到小的顺序进行排序并输出。

5-5　求斐波纳契数列的前 20 项。斐波纳契数列的通项式为：$f(n) = f(n-1) + f(n-2)$，$n>2$；$f(1) = 1$，$f(2) = 1$。

5-6　打印如下杨辉三角形：

1

1 1

1 2 1

1 3 3 1

1 4 6 4 1

5-7　求 3 行 3 列矩阵主对角线元素的和。

5-8　求 10 个整数中的最大数和最小数，并将最大数和最小数进行交换。

5-9　从键盘任意输入 10 个整数，分别统计正数和负数的个数。

5-10　查找一个整数是否在一个已排好序的数列中。

第 6 章

灵活运用函数

导引

C 语言源程序实际上可以看作一些函数和一些数据的集合，该集合中必须有一个且只能有一个称为 main 的主函数。这些函数和数据可能在同一个文件中，也可能在不同文件中。因此，对于 C 语言程序员来说，理解函数、使用函数是学习 C 语言程序设计不可缺少的步骤。本章将详细介绍如何使用函数来简化程序的编写。

学习目标

◇ 掌握函数的定义和声明。
◇ 理解函数参数传递的含义。
◇ 掌握函数嵌套和递归的使用。
◇ 了解外部函数的使用。

6.1 神秘的函数

在前面的章节中我们已经接触到了函数，对于初学者来说，函数显得有几分神秘。尽管如此，从前面的例程中我们不难理解，函数实际是一个相对独立的程序块，该程序块可以完成程序中要使用到的特定功能。例如某程序中经常需要求两个数的最大值，若不用函数则该程序中将会多次出现求最大值的代码，再比如程序中需要一个用较多代码才能实现的功能，若不使用函数将会使得程序显得冗长且难懂。因此，用函数来划分程序中的各个功能模块可以简化程序，增加程序的可读性。

6.1.1 函数定义

C 语言中函数的定义格式如下：

```
函数类型  函数名（形式参数表）
{
    函数体
    [return 表达式返回值;]
}
```

该定义中函数类型实际上就是函数返回值的类型。若函数定义中给出了其返回值类型，则在退出函数体返回到调用点之前必须使用 return 语句，return 语句将函数的计算结果返回给调用语句。若函数没有返回值，函数定义中的函数类型应为 void 类型，并且在函数体中用 return 返回一条空语句，即 "return；" 或不需使用 return 语句。形式参数表中的参数称为形式参数，简称形参，若函数中不需要形参则参数表可以为空，形参的作用范围（名字的有效范围）仅限于函数体。在函数体中首先要定义其中要用到的变量，这些变量只能在其函数体中有效。函数类型、函数名及形式参数表称为函数首部。

例 1：

```
int Max(int a,int b)              /*函数 Max 用来求形参 a，b 的最大值*/
{
int t;                           /*定义函数中要用到的变量 t*/
t= a>b?a:b;
return t;                        /*函数返回整型数据 t*/
}
```

例 2：

```
void Print(int i)    /*函数 Print 用来连续输出 i 个 '*' 号，该函数无返回值*/
{
int j;             /*定义函数中要用到的变量 j*/
  for(j=0;j<i;j++)
    printf("*");
return   ;        /*返回空语句，该语句可以不写*/
}
```

6.1.2 函数调用

定义函数的目的就是在适当的时候调用函数。函数定义好后，在其他函数代码中就可以调用它了。函数调用格式：

函数名（实际参数表）

函数调用时操作系统首先为被调用函数的形式参数分配好内存空间，之后实际参数（实参）将会依次被传递给相应的形参，程序的执行由函数调用语句转向被调用的函数体，函数体被执行结束后返回到调用点语句的下一条语句继续执行，同时被调函数的形参内存空间被系统收回。因此调用时必须保证实际参数的个数、类型及顺序与对应函数的定义保持一致，否则编译会报错。

对于上面定义的函数 Max 和 Print，其调用格式可以如下：

```
int i=4, j=5, m;
m=Max（10，100）; /*调用 Max 实现求 10、100 之间的最大值，其中 10、100 为实参，
                    10 传递给 a，100 传递给 b，之后转到 Max 函数体执行，Max 函数
                    执行结束将结果返回到函数调用点，此时 m 的值将为 100*/
printf("%d",Max(i,j)); /*其中 i，j 为实参，i 传递给 a，j 传递给 b，之后转到 Max 函数体
                    执行，返回 i，j 两个数中较大的那个数后再作为实际参数传给 printf
```

函数*/
Print(10);　　　　　　　/*调用 Print 实现连续输出 10 个'*'号，10 为实参　*/
Print(i);　　　　　　　/*调用 Print 实现连续输出 i 个'*'号，i 为实参　　*/

从上可以看出，函数调用可以单独成为 C 语句，也可以作为表达式的一部分，更可以作为其他函数的参数。

对于函数调用，C 语言规定，要么函数定义之后再调用，要么在调用之前给出函数声明；否则编译器编译时将会报错。函数声明实际上就是告诉编译器在函数声明语句之后可能会碰到该函数的调用，要求编译器不要报错，其函数定义会在后续代码中或其他源文件中给出。

函数声明的格式：

函数类型　函数名(形参表)；

可以看出，函数声明只要给出函数定义部分的函数首部。函数声明语句说明了函数的原型，有时也把函数声明叫做函数原型说明。

例如：

int　Max(int a,int b);　　/*声明函数 Max，后续代码中可以调用 Max 函数*/
void Print(int j);　　　　/*声明函数 Print，后续代码中可以调用 Print 函数*/

因为编译器在编译函数声明语句时只关心函数中形参的类型，而不管形参的名字，因此在声明函数时可以不给出形参名，即使给出，编译器也不会理会。

例如：

int　Max(int ,int);　　　/*声明函数 Max，之后代码中可以调用 max 函数*/
void Print(int);　　　　　/*声明函数 Print，之后代码中可以调用 Print 函数*/

【例 6-1】　从键盘上输入一个大于 2 的整数 a，输出所有小于该数的素数。

对于例 6-1，可以考虑定义一个函数 Prime 用于判断某个数是否为素数，之后再用循环判断所有小于 a 的数是否为素数。显然函数 Prime 的返回值类型应该为 int，可以设定某数不是素数时返回 0，若是素数则返回 1。

例 6-1 代码：

```
#include <stdio.h>
int Prime(long x)
{long i=2;
  int flag=1;/*先假定 x 是素数，flag 初值置为 1*/
while((i<=x/2)&&flag)/*当 flag 为 0 将退出循环，否则继续判断下去*/
    if(x%i==0) flag=0; /*若 x 能被 i 整除尽，则 x 不是素数，flag 置为 0*/
      else i++;
return flag;    /*flag 的值决定了 x 是否为素数*/
}
void main()
{long a;
  long i;
  printf("请输入一个大于 2 的整数：");
  scanf("%ld",&a);
```

```
  printf("所有小于%ld 的素数有： \n",a);
  for(i=2;i<=a;i++)
     if(Prime(i)) printf("%ld 是素数\n",i);//调用函数 Prime 判断 i 是否为素数
}
```

运行结果如图 6-1 所示。

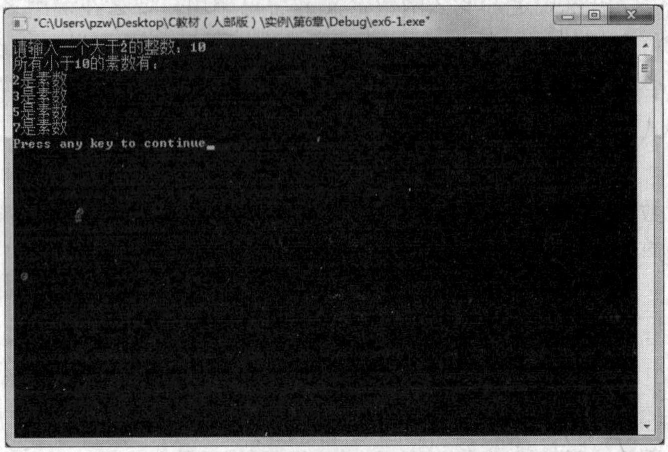

图 6-1　例 6-1 运行效果图

【注意】　例 6-1 中的 flag 值指出了形式参数 x 是否为素数。

【实践】　尝试将例 6-1 中代码

```
while((i<=x/2)&&flag)
        if(x%i==0) flag=0;
        else i++;
```

进行修改使得程序效果不变，并上机测试。

【思考】　例 6-1 中代码 "while((i<=x/2)&&flag)" 为什么要是 "i<=x/2" 而不是 "i<=x"？

6.2　再 谈 变 量

通过前面的章节和例程我们简单地了解到变量就是编译器为程序在内存分配的空间，该空间可以用来存放指定类型的数据。引入函数后，变量的概念变得复杂化了。本节主要讨论函数体内定义的变量和函数体外定义的变量的作用域、生存期和存储类别。

6.2.1　变量的作用域和生存期

在讨论函数的形参变量时曾经提到，形参变量只有在被调用期间才分配内存单元，调用结束后其空间立即被释放。这一点表明形参变量只有在函数体内才有效的，离开该函数就不能再使用了。这种变量的有效性范围称为变量的作用域。不仅对于形参变量，C 语言中所有的变量都有自己的作用域。变量说明的方式不同，其作用域也不同。

变量存于内存的时间段称为变量的生存期。

6.2.2　局部变量和全局变量

C 语言中的变量按其作用域范围的不同可分为局部变量和全局变量。

所有在函数体或参数表中定义的变量称为局部变量，局部变量也称为内部变量。局部变量的作用域仅限于定义它的函数体内，离开该函数体后再使用这个变量是非法的。例如：

int f1(int a) /*函数 f1*/

{

int b,c;

…

}　　　　　/*局部变量 a、b、c 的作用域为函数 f1 的函数体*/

int f2(int x) /*函数 f2*/

{

int y,z;

…

}　　　　　/*局部变量 x、y、z 的作用域为函数 f2 的函数体*/

main()

{·

int m,n;

…

}　　　　　/*局部变量 m、n 的作用域为函数 main*/

在函数 f1 内定义了三个变量，a 为形参，b、c 为一般变量。在 f1 的范围内 a、b、c 有效，或者说 a、b、c 变量的作用域限于 f1 内。同理，x、y、z 的作用域限于 f2 内。m、n 的作用域限于 main 函数内。

关于局部变量的作用域要注意以下几点。

（1）主函数中定义的变量也只能在主函数中使用，不能在其他函数中使用。同时，主函数中也不能使用其他函数中定义的变量。因为主函数也是一个函数，它与其他函数是平行关系。这一点是与其他语言不同的，应予以注意。

（2）形参变量是属于被调函数的局部变量，实参变量是属于主调函数的局部变量。

（3）允许在不同的函数中使用相同的变量名，它们代表不同的对象，分配不同的单元，互不干扰，也不会发生混淆。

（4）在复合语句中也可定义变量，其作用域只在复合语句范围内。例如：

void main()

{

int s,a;

…

{

```
        int b;
        s=a+b;
    }                        /*b 的作用域为内花括号所括范围*/
}                            /*s、a 的作用域为 main 函数体*/
```

不在任何函数体内定义的变量称为全局变量，也叫外部变量。它不属于具体某个函数，其作用域是整个源程序。在函数中使用全局变量，一般应作全局变量说明，只有在函数内经过说明的全局变量才能使用。全局变量的说明符为 extern，但在一个函数之前定义的全局变量在该函数内使用时可不再加以说明。例如：

```
/*文件 file1.c*/
    int a,b; /*全局变量 a、b 的作用域开始*/
    void f1() /*函数 f1*/
    {
    …
    }
    float x,y;              /*全局变量 x、y 的作用域开始*/
    int f2()               /*函数 f2*/
{
…
}
void main()                /*主函数*/
{
…
}    /*程序结束意味着全局变量 a、b、x、y 的作用域的结束*/
```

从上例可以看出 a、b、x、y 都是在函数外部定义的外部变量，都是全局变量。但 x，y 定义在函数 f1 之后，而在 f1 内又无对 x，y 的说明，所以它们在 f1 内无效。a，b 定义在源程序最前面，因此在 f1，f2 & main 内不加说明也可使用。

对于全局变量的使用，还要注意以下几点。

（1）对于局部变量的定义和说明，可以不加区分。外部变量则不然，外部变量的定义和外部变量的说明并不是一回事。外部变量定义必须在函数之外，且只能定义一次。一般形式为：

[extern] 类型说明符 变量名，变量名，… ；

方括号内的 extern 可以省去不写。例如：

int a,b; /*等价于 extern int a,b; */

全局变量说明出现在要使用该全局变量的函数内，在整个程序内，可能出现多次。全局变量说明的一般形式为：

extern 类型说明符 变量名，变量名，…;

全局变量在定义时就已分配了内存单元，且可作初始赋值，全局变量说明不能再赋初始值，只是表明在函数内要使用某外部变量。

（2）全局变量可加强函数模块之间的数据联系，但是又使函数要依赖这些变量，因而使得函数的独立性降低。从模块化程序设计的观点来看这是不利的，因此在不必要时尽量不要使用全局变量。

（3）在同一源文件中，允许全局变量和局部变量同名。在局部变量的作用域内，全局变量不起作用。例如：

```
int vs(int k,int w)
{
extern int h;                          /*说明而非定义全局变量 h*/
int v;
v=k*w*h;                               /*此处的 v、k、w 均为局部变量*/
return v;
}
void   main()
{
extern int w,h;                        /*说明而非定义全局变量 w、h*/
int k=5;
printf("v=%d",vs(k,w));                /*此处的 k 为局部变量*/
}
int k=3,w=4,h=5;                       /*定义全局变量 k、w 和 h*/
```

【例 6-2】 从键盘上输入两个整数，计算出两个整数之间的所有整数（包括这两个整数）之和。要求用函数 Add（int a，int b）来计算和，运算结果保存在外部变量中。

文件"add.c"代码如下：

```
long sum;                                 //全局变量，保存累加和
void Add(int a,int b)
{int i;
  if(a>b)
    for(i=b;i<=a;i++)sum+=i;
  else
    for(i=a;i<=b;i++)sum+=i;
}
```

main 函数所在文件"ex6-2.c"代码如下：

```
#include <stdio.h>
#include "add.c"                          //告诉编译器文件"add.c"一起编译
int main(int argc, char* argv[])
{printf("请输入两个整数：");
  scanf("%d%d",&a,&b);
  Add(a,b);//调用文件 add.c 中的 Add 函数计算 a、b 之间整数的累加和
  printf("%d 和%d 之间所有整数的和是：%ld\n",a,b,sum);//输出累加和
  return 0;
}
```

运行结果如图 6-2 所示。

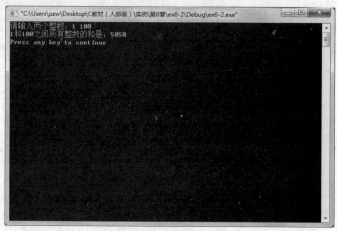

图 6-2　例 6-2 运行效果图

【注意】　例 6-2 中的 sum 为全局变量，定义时被系统自动赋初值为 0。

【实践】　在文件 "add.c" 代码中将 "long sum;" 放在 Add 函数体内，然后编译执行程序观察与修改之前结果的异同。

【思考】　将例 6-2 中文件 "ex6-2.c" 的代码 "#include "add.c"" 去掉再编译程序，观察所出现的错误。为什么会出现这样的错误？

6.2.3　变量的存储类别

变量的定义方式不同，变量的作用域也就不同。从本质来说，它们的区别是因为变量的存储类型不同。所谓存储类型是指变量占用内存空间的方式，也称为存储方式。

变量的存储方式可分为 "静态存储" 和 "动态存储" 两种。

静态存储变量通常是在变量定义时就分配存储单元并一直保持不变，直至整个程序运行结束。全局变量即属于此类存储方式。

动态存储变量是在程序执行进入变量的作用域时才为变量分配存储单元，使用完后立即释放。典型的动态存储变量是形式参数和局部变量，在函数定义时并不给形参分配存储单元，只是在函数被调用时，才予以分配，调用函数完毕立即释放。如果一个函数被多次调用，则会反复地分配、释放形参变量及函数内局部变量的存储单元。由此可知，静态存储变量是一直存在的，而动态存储变量则时而存在，时而消失。

生存期表示了变量存在的时间。生存期和作用域是从时间和空间这两个不同的角度来描述变量的特性，这两者既有联系，又有区别。一个变量究竟属于哪一种存储方式，并不能仅从其作用域来判断，还应有明确的存储类型说明。

在 C 语言中，变量的存储类型说明有以下四种：

auto　　　　　　　　自动变量
register　　　　　　　寄存器变量
extern　　　　　　　外部变量
static　　　　　　　静态变量

自动变量和寄存器变量属于动态存储方式，外部变量和静态变量属于静态存储方式。因此，对一个变量的说明不仅应说明其数据类型，还应说明其存储类型。变量说明的完整形式应为

存储类型说明符 数据类型说明符 变量名，变量名 2，…；

例如：

static int a,b;	/*说明 a、b 为静态整型变量*/
auto char c1,c2;	/*说明 c1、c2 为自动字符变量*/
static int a[5]={1,2,3,4,5};	/*说明 a 为静态整型数组*/
extern int x,y;	/*说明 x、y 为外部整型变量*/

1. auto 变量

这种存储类型是 C 语言程序中使用最广泛的一种类型。C 语言规定，函数内凡未加存储类型说明的变量均视为自动变量，即自动变量可省去说明符 auto。前面各章的程序中所定义的未加存储类型说明符的变量都是自动变量。自动变量具有以下特点。

（1）自动变量的作用域仅限于定义该变量的个体（函数或复合语句）内。在函数中定义的自动变量只在该函数内有效。在复合语句中定义的自动变量只在该复合语句中有效。

（2）自动变量属于动态存储方式，只有定义该变量的函数被调用时才给它分配存储单元，它的生存期开始。函数调用结束，释放存储单元，生存期结束。因此函数调用结束之后，自动变量的值不能保留。在复合语句中定义的自动变量在退出复合语句后也不能再使用，否则将引起错误。

（3）由于自动变量的作用域和生存期都局限于定义它的函数体内，因此在不同的函数体中允许使用同名的变量而不会产生混淆。即使在函数内定义的自动变量也可与该函数内部的复合语句中定义的自动变量同名。

2. extern 变量

在前面介绍全局变量时已介绍过外部变量。这里再补充说明外部变量的几个特点。

（1）外部变量和全局变量是从两种不同的角度对变量的提法。全局变量是从它的作用域提出的，而外部变量是从它的存储方式提出的，表示了它的生存期。

（2）当一个源程序由若干个源文件组成时，在一个源文件中定义的外部变量在其他的源文件中也有效。例如有一个源程序由源文件 F1.C 和 F2.C 组成：

```
/* F1.C*/
int a,b; /*外部变量定义*/
char c; /*外部变量定义*/
main()
{ …
}


/*    F2.C    */
extern int a,b; /*外部变量说明，其定义在文件 F1.c 中*/
extern char c; /*外部变量说明，其定义在文件 F1.c 中*/
func (int x,y)
```

```
{...
}
```

在 F1.C 和 F2.C 两个文件中都要使用 a、b、c 三个变量。在 F1.C 文件中把 a、b、c 都定义为外部变量。在 F2.C 文件中用 extern 把三个变量说明为外部变量，表示这些变量已在其他文件中定义，编译系统不再为它们分配内存空间。对构造类型的外部变量，如数组等可以在说明时作初始化赋值，若不赋初值，则系统自动定义它们的初值为 0。

3．register 变量

被声明为寄存器存储类型的变量，除了程序无法得到其地址外，其余都和自动变量一样。使用寄存器存储类型的目的是让程序员指定某个局部变量存放在计算机的某个硬件寄存器里而不是内存中，以提高程序的运行速度。但是，我们无法取得寄存器变量的地址，因为绝大多数计算机的硬件寄存器都不占用内存地址。这样做只是反映了程序员的主观意愿，编译器可以忽略寄存器存储类型修饰符。即使这样，编译器把变量放在可设定地址的内存中，我们也无法取其地址。例如：

register int i;   /*定义 register 整型变量 i，i 在寄存器中，不占主存空间*/

register char i;   /*定义 register 字符变量 ch，ch 在寄存器中，不占主存空间*/

4．static 变量

静态变量属于静态存储方式，但是属于静态存储方式的变量不一定就是静态变量。例如外部变量虽属于静态存储方式，但不一定是静态变量，必须由 static 加以定义后才能成为静态外部变量。

静态局部变量具有以下特点。

（1）静态局部变量在函数内定义，它的生存期为整个源程序，但是其作用域仍与自动变量相同，只能在定义该变量的函数内使用该变量。退出该函数后，尽管变量空间和值还继续存在，但在其他函数内仍不能使用它。

（2）定义时允许对构造类静态局部量赋初值。例如数组，若未赋以初值，则由系统自动赋初值为 0。

（3）若在说明时未对基本类型的静态局部变量赋以初值，则系统自动赋值为 0。而对自动变量不赋初值，则其值是不确定的。

根据静态局部变量的特点，可以看出它是一种生存期为整个源程序的变量。虽然离开定义它的函数后不能使用，但若再次调用定义它的函数时，它又可继续使用，而且保存了前次被调用结束后留下的值。因此，当多次调用一个函数且要求在调用之间保留某些变量的值时，可考虑采用静态局部变量。虽然用全局变量也可以达到上述目的，但全局变量有时会造成意外的副作用，因此仍以采用局部静态变量为宜。

在全局变量（外部变量）的说明之前再冠以 static 就构成了静态全局变量。全局变量和静态全局变量都是静态存储方式。二者的区别在于非静态全局变量的作用域是整个源程序，当一个源程序由多个源文件组成时，非静态的全局变量在整个源程序的各个源文件中都是有效的。而静态全局变量则限制了其作用域，只在定义该变量的源文件内有效，在同一源程序的其他源文件中不能使用它。由于静态全局变量的作用域局限于一个源文件内，因此，静态全局变量可以避免在其他源文件使用中引起错误。

从以上分析可以看出，把局部变量改变为静态变量后是改变了它的存储方式，改变了它的生存期。把全局变量改变为静态变量后是改变了它的作用域，限制了它的使用范围。因此，static 这个说明符在不同的地方所起的作用是不同的。

下面用例 6-3 说明 static 的使用。

【例 6-3】　从键盘输入一个整型数 x，分别输出 1，1+2，1+2+3，…，1+2+…+x 的值。

```
#include <stdio.h>
long Add(int i)                    /*实现从 0 到 i 的累加*/
{static long sum=0;                /*定义静态变量 sum，初值为 0，用于累加*/
 sum=sum+i;                        /*累加结果存放于 sum*/
 return sum;                       /*返回累加结果*/
}


/*主函数 main*/
 void main()
{int x;
 int i,j;
 int s=0;
 printf("请输入一个整数：\n");
 scanf("%d",&x);
 if(x>=1)
    for(i=1;i<=x;i++)
    {    for(j=1;j<i;j++)
            printf("%d+",j);       /*显示每一步加的结果*/
         printf("%d=",i);
         s=Add(i);                 /* 求出下一步加的结果放入 s*/
         printf("%d\n",s);
    }
    else printf("输入的数小于 1");
}
```

运行结果如图 6-3 所示。

在例 6-3 中因为 Add 函数中的 sum 变量为 static 型的，故 sum 第一次调用时其初值被置为 0，以后在每次 Add 调用前 sum 中的值都是上次 Add 调用时保留下来的值。sum 的空间和值一直保持到程序运行结束。

【注意】　例 6-3 中的静态变量 sum 只被赋一次初值。

【实践】　将例 6-3 中的 "static long sum=0;" 改为 "long sum=0;" 之后进行测试。观察修改前后的结果变化。

【思考】　为什么将例 6-3 中的 "static long sum=0;" 改为 "long sum=0;" 之后该例程不可再实现累加了？

图 6-3　例 6-3 运行效果图

6.3　函数之间的调用

6.3.1　参数传递

6.1 节中简单介绍了函数的调用方式和过程。调用带参函数时将系统会把实参依次传递给形参，之后再将程序的执行流程转到该函数体来执行。将实参传递给形参的方法有两种，一种叫值传递，另一种叫指针传递。指针传递将在后续章节讨论。

理解函数参数传递之前，先要了解函数的调用过程。函数的调用实际上就是程序执行的流程从调用点跳转到被调函数体执行的过程。因为流程是从一个函数跳到另一个函数执行，而两个函数都有自己的作用域和空间，故调用者和被调者之间若要通信的话，则被调函数必须提供接口给主调函数。接口内容包括函数名及参数表。在流程控制从一个函数转到另一个函数时，编译系统安排好被调函数的代码和数据空间，其中就包括了形式参数空间。

函数参数的传递实际上就是要把实际参数的值传递给形式参数。具体传递过程如下。

（1）执行到调用点时将实际参数依次压入程序公共栈（一种先进后出的数据结构）。

（2）流程转到被调函数执行前把栈中的数据依次弹出到相应的形式参数空间中。

（3）开始执行被调函数体。

（4）函数体执行结束前将返回值入栈（在有返回值的情况下），之后流程跳转到函数调用点，并将栈中的返回值弹出并使用。

值传递就是将实际参数值通过栈赋给相应的形式参数，之后形式参数与实际参数就不存在任何关系了。

下面通过几个例程来说明函数的值传递。

【例 6-4】　输入两个整型数，求出最大数并输出。

分析：用函数 Max 来求出两个数的最大值。

```
#include <stdio.h>
int Max(int a,int b)                          /*定义求两个数最大值的函数 Max*/
{
return a>b?a:b;                               /*函数返回*/
}
void main()
{int    i,j;
 int    max;
 printf("请输入两个整数：");
 scanf("%d%d",&i,&j);
 max=Max(i,j);                                /*调用 Max 求出 i，j 的最大值*/
 printf("最大数是：%d",max);                   /*输出 i，j 的最大值*/
}
```

【例 6-5】　输入一个整型数 n，然后输出 n 行 "＊"，第一行输出一个 "＊"，每行逐渐增加一个。如输入 4，则输出以下图形：

```
*
**
***
****
```

分析：用一个函数 PrintStar 输出一行 "＊"，其中参数为 "＊" 的个数。

```
#include <stdio.h>
void PrintStar (int num)                      /*定义输出一行 num 个 "＊" 的函数 PrintStar */
{int i;
for(i=0;i<num;i++)
printf("*");
printf("\n");                                 /*换行*/
return ;                                       /*因为返回值类型为 void，return 语句可以省略*/
}
void main()
{int    m,n;
printf("请输入一个整数：");
 scanf("%d",&m);
 n=1;
 while(n<=m)
    { PrintStar(n);                           /*调用 PrintStar 输出一行 n 个 "＊"。*/
     n++;
     }
 }
```

【注意】　例 6-5 中的输入的数据不宜过大，否则输出的 "＊" 会很乱。

【实践】 尝试不用函数而是直接在主函数 main 中实现例 6-5，并上机测试结果。

【思考】 把输出一行"*"单独放在函数中实现有什么好处？

6.3.2 数组传递

定义函数时，形式参数可以是普通变量，也可以是数组，形式参数为数组时，参数传递实际就是数组传递。

数组作为函数的形式参数定义的一般格式为

返回值类型 函数名（类型 形参组名[]）

{函数体}

调用该类型函数时的格式为

函数名（实参数组名）；

如定义函数 Sort 对数组 a 中元素进行排序：

void Sort（int a[], int length）

{…}

在 main 函数中有定义：

int b[6]={10,20,12,1,89,11};

则在 main 函数中可以调用 Sort 对数组 b 进行排序：

Sort(b,6);

在数组参数传递的函数调用中，形式参数数组和实际参数数组具有相同的内存空间，因此在函数体中对形式参数数组的排序实际就是对实际参数数组的排序。

例 6-6 使用数组作为函数参数。

【例 6-6】 输入 10 个整数，对 10 个整数进行从小到大排序后输出。

分析：本例中可以采用三个函数。函数 InputArr 输入数据，函数 SortArr 采用冒泡排序法对数组进行排序，函数 OutputArr 输出数组元素。

冒泡排序思想：若数组有 n 个数，则对 n 个数进行 n-1 趟冒泡，每趟冒泡排序中依次比较相邻的两个元素 A[i] 和 A[i+1]，若 A[i]>A[i+1]则交换 A[i] 和 A[i+1]的值。第一趟冒泡将把 n 个数中的最大元素移动到数组的第 n-1 个元素位置（即 A[n-1]），此时可以确定最大元素位置，之后对剩下的 n-1 个元素（A[0]到 A[n-2]）进行下一趟冒泡，将次大元素移动到第 n-2 个元素位置。依此最多进行 n-1 趟冒泡后数组中元素则是有序的了。

例 6-6 代码：

```c
#include <stdio.h>
#define NUM    10
void InputArr(int Arr[],int size)    /*形式参数 size 为数组大小,函数执行后输入的数被存储
                                到了数组 Arr 中，并被带出函数体*/
{int i;
printf("请输入%d 个数：",NUM);
  for(i=0;i<size;i++)
    scanf("%d",&Arr[i]);
  }
```

```
void SortArr(int Arr[],int size) /*函数中采取冒泡排序法对 Arr 中元素进行排序*/
{int temp;
 int i,j;
 for(i=0;i<size-1;i++)/*共 size-1 趟冒泡*/
     for(j=1;j<size-i;j++)      /*第 j 趟冒泡*/
     {if(Arr[j-1]>Arr[j]) /*条件成立则交换 Arr[j]和 Arr[j-1]的值*/
         { temp= Arr[j];
          Arr[j]= Arr[j-1];
          Arr[j-1]= temp;
         }
     }
}

void OutputArr(int Arr[],int size)
{ int i;
 for(i=0;i<size;i++)
    printf("%d   ",Arr[i]);
 printf("\n");
}

void main()
{int A[NUM];
 InputArr(A,NUM);             /*输入数据到数组 A 中*/
 SortArr(A,NUM);              /*对 A 中元素进行排序*/
 OutputArr(A,NUM);           /*输出数组 A 中的元素*/
}
```

【注意】

例 6-6 中用到了数组作为函数的参数，数组作为函数参数进行传递时实际上是将数组的第 0 个元素在内存中的起始地址传递给形式参数，之后在函数中对形式参数数组的修改操作可以看作对实际参数数组的修改操作，因此在函数体中对数组元素的修改结果可以带出函数体，这一点与例 6-4 和例 6-5 不同。由此可见，可以把数组传递看做是一种特殊的值传递方式。这一点在第 7 章中会进一步介绍。

【实践】

（1）对于例 6-6 中的冒泡排序是实现从小到大排序，修改例 6-6 的代码实现对数组的从大到小排序并上机测试。

（2）尝试使用其他的排序方法（如直接选择法）对数组元素进行排序，仿照例 6-6 写出代码并测试。

【思考】 n 个元素数组冒泡排序时是否一定要进行 n-1 趟冒泡，若不一定，应如何改进？

6.3.3 函数嵌套

C 语言规定，一个函数可以调用另一个函数，这种情况称为函数的嵌套调用。被调用函数还可以调用其他函数，从而形成一定深度的调用层次。函数之间层层调用，最终完成复杂的程序功能。

例如：

```
float myfabs(float x)/*函数 myfabs*/
{
    return x>0?x:-x;
}
float myfunc(float r) /*函数 myfunc，在此函数中调用了函数 myfabs*/
{
    return 2*myfabs(r)+1;
}
void main()/*主函数*/
{
  float f=0.5,r;
  r= myfunc(f);
  printf("%f",r);
}
```

在这个例子中，函数 main、myfabs、myfunc 之间的执行过程如下。

（1）程序进入 main 函数并初始化变量 f。

（2）main 函数中调用了 myfunc 函数，将实际参数 0.5 传递给 myfunc 的形式参数 r。

（3）程序进入 myfunc 函数。在 myfunc 里调用了 myfabs 函数，将 0.5 传递给 myfabs 的形式参数 x。

（4）程序进入 myfabs 函数。计算 x 的绝对值，将 return 值 0.5 返回。

（5）程序继续计算 2*myfabs(r)+1 的值，myfunc 函数返回结果为 2.0。

（6）main 函数的 printf 输出 myfunc 的返回值 2.0。

程序执行示意图参见图 6-4。

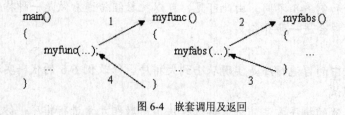

图 6-4　嵌套调用及返回

6.4　特殊的嵌套调用——递归函数

6.4.1　递归函数的特征

C 语言允许一个函数可以调用另一个函数，而这个函数又可以调用别的函数，甚至允许函数调用自身。如果函数调用自身，且能在适当的时候退出函数，则称该函数为递归函数。函数调用自身的过程称为递归调用。若函数直接调用自身，这种调用称为直接递归调用；若通过调用其他函数，在其他函数中再调用自身，这种调用称为间接递归调用。

例 1：

```
void  a( )
{    …
      a(   );  /*直接调用自身，形成直接递归调用*/
      …
}
```

例 2：

```
void  c( ); /*说明函数 c*/
void  b( )
{

      …
      c( );  /*调用函数 c*/
      …

}

void  c()
{

      …
      b();  /*调用函数 b，在 b 中调用 c，形成间接递归调用*/
      …

}
```

在日常生活中，我们常常使用直接递归调用来解决很多实际问题，比如有些问题可以划成一个或多个规模更小些的问题来解决，而这些小问题又和上一级大问题一样可以划分成更小的问题解决，依次划分下去直到最后划分成的小问题可以直接简单解决为止。下面通过一个数学问题来了解直接递归调用的使用。

【例 6-7】　求 n!(n 的阶乘)的值。

分析：对于求 n 的阶乘问题，若我们把它看作一个大问题或较难解决的问题，此时假定该问题可以用 Fac(n)来解决，也就是说 Fac(n)可以求得到 n 的阶乘，当然 Fac(n-1)就可以求得到（n-1）的阶乘。因为 n 阶乘的特征即 n!=n*(n-1)!，所以有 Fac(n)=n*Fac(n-1)。若 Fac(n)是参数为 n 的函数调用，则我们可以把该等式理解为在函数体 Fac(n)中调用函数 Fac()自身了，只是参数变为 n-1，即 n 阶乘问题被划分成规模更小的子问题解决了，如此划分下去我们发现，当 n=0 或 1 时该子问题就可解决了，因为 0 或 1 的阶乘是 1。

例 6-7 代码：

```c
#include <stdio.h>
long Fac(int n); /*声明阶乘函数 Fac，完成阶乘 n!的计算*/
int main()
{
    int m;
    printf("计算 n 的阶乘，请输入 n： ");
    scanf("%d", &m);                    /*键盘输入数据*/
    printf("%d!=%ld\n", m, Fac(m));     /*调用子程序计算 m 阶乘并输出*/
    return 0;
}
long Fac(int n)
{
if(n>1)     return n*Fac(n-1);          /*递归调用计算 n!=n* (n-1)! */
     else   return   1L;                /*n=1 时直接返回结果 1*/
}
```

运行结果如图 6-5 所示。

图 6-5　例 6-7 运行效果图

以上求 4 的阶乘的递归调用可以用图 6-6 来描述。

【实践】　上机测试例 6-7 的代码，输入值为多少时产生溢出？

【例 6-8】　给定字符串，写一程序将该字符串逆序显示。

分析：假定给定的字符串为"welcome"，则要输出的应该是"emoclew"。分析该问题的实质后我们发现，若要逆序输出"welcome"，只要先逆序输出"elcome"，之后再输出字符'w'，同理，若要逆序输出'elcome'，则只要先逆序输出"lcome"，再输出字符'e'即可。当要逆序输出的字符串只有一个字符时，直接输出。假定函数 display_backward 用来逆序输出长度为 n 的字符串 string，按照上面的分析可以知道在函数 display_backward 中只要先逆序输出第一个字符之后的字符串，然后再输出第一个字符即可，而输出第一个字符之后的字符串同样可以调用 display_backward 函数来实现，只不过此时字符串长度为 n-1 了，当字符串长度为 0 时函数执行结束并输出结果。

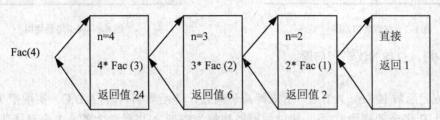

图 6-6 4!的递归调用的执行和返回

例 6-8 代码：

```c
#include <stdio.h>
void display_backward(char *string)/*逆序输出字符串 string*/
{
    if(*string)
    {
    display_backward(string+1);
    putchar(*string);                    /*输出 string 中的第一个字符*/
    }
}
void main(void) /*主函数**/
{
display_backward("welcome"); /*逆序输出字符串"welcome" */
printf("\n");
}
```

6.4.2 有趣的汉诺塔问题

汉诺塔（又称河内塔）问题是印度的一个古老的传说。开天辟地之神勃拉玛在一个庙里留下了三根金刚石的棒，第一根上面套着 64 个圆的金片，最大的一个在底下，其余一个比一个小，依次叠上去，庙里的众僧不断地把它们一个个地从一根棒搬到另一根棒上，规定可利用中间的一根棒作为辅助，但每次只能搬一个金片，而且大的不能放在小的上面。然而，面对庞大的移动圆片的次数 18446744073709551615，看来众僧们耗尽毕生精力也不可能完成金片的移动。后来，这个传说就演变为汉诺塔游戏：

1．有三根杆子 A、B 和 C。A 杆上有若干盘子，如图 6-7 所示。

2．每次移动一块盘子，小的只能叠在大的上面。

3．把所有盘子从 A 杆全部移到 C 杆上，如图 6-8 所示。

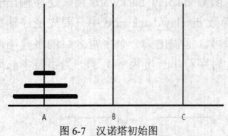

图 6-7   汉诺塔初始图

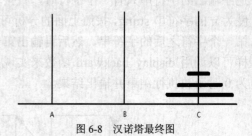

图 6-8   汉诺塔最终图

【例 6-9】   有趣的汉诺塔问题。

分析：

可以假定函数 H（n，A,B,C）用来解决该问题，即函数 H（n，A,B,C）实现把 A 塔的 n 个盘子借助 B 塔全部移到 C 塔，其过程可以理解为先把 A 塔最顶上的 n-1 个盘子借助 C 塔移到 B 塔，之后把 A 塔上最底下的盘子直接移到 C 塔，最后把 B 塔上的 n-1 个盘子借助 A 塔移到 C 塔上。H（n，A,B,C）可以描述为：

第一步：H（n-1，A, C, B）；

第二步：H（1，A,B,C）；

第三步：H（n-1，B,A,C）。

例 6-9 代码：

```c
#include <stdio.h>
long num;//用来记录移动盘的次数
void hanoi(int n,char a,char b,char c)
{
  if(n==1)
  { printf("从%c 盘--->%c 盘\n",a,c);    num++;}
  else
  {hanoi(n-1,a,c,b);
   hanoi(1,a,b,c);
   hanoi(n-1,b,a,c);
  }
}
void main()
{int i;//用来存放盘数
printf("请输入盘数：");
scanf("%d",&i);
printf("开始移盘......\n");
hanoi(i,'A','B','C');
printf("\n 总共移动的盘次数为：%ld\n",num);
}
```

运行结果如图 6-9 所示。

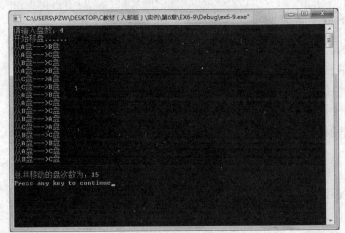

图 6-9　例 6-9 运行效果图

【注意】

（1）设计递归算法问题的形式化描述很重要，思路就是如何把一个大的问题转成一个和原问题具有相同特征属性的问题，区别只是问题的规模变小，这样问题不断变小直至问题小到可以直接得出结果（递归出口），然后沿着调用的顺序逆序返回。

（2）递归函数通常要比功能相同的非递归函数慢很多，因为递归函数每调用一次自己都要把下一条程序代码地址以及过程参数值等压入堆栈，函数结束又要弹出堆栈引导程序运行及参与运算，因此如果要求程序高效率，就应尽量避免使用递归调用。

（3）设计递归函数时必须要保证递归出口条件一定有机会满足，否则将会陷入死嵌套。

【实践】　　将例 6-9 改为非递归实现并测试。

【思考】　　汉诺塔问题中移动次数与初始盘数的关系是什么？

6.5　函数也有内外之分

6.5.1　内部函数

static 不仅可以用来修饰变量还可以修饰函数。

当一个源程序由多个源文件组成时，C 语言根据函数能否被其他源文件中的函数调用，将函数分为内部函数和外部函数。如果在一个源文件中定义的函数只能被本文件中的函数调用，而不能被同一程序中其他文件里的函数调用，这种函数称为内部函数或静态函数。

定义一个内部函数，只需在函数类型前再加一个"static"关键字即可，如下所示：

static　函数类型　函数名（函数参数表）

{…}

此处"static"的含义不是指存储方式，而是指函数的作用域仅局限于本文件。使用内部函数的好处是不同的人编写不同的函数时，不用担心自己定义的函数是否会与其他文件中的函数同名，因为同名也没有关系。

6.5.2　外部函数

在定义函数时，如果没有加关键字"static"，或冠以关键字"extern"，表示此函数是外部函数，定义如下：

$$[extern]\ 函数类型\ 函数名（函数参数表）$$
$$\{…\}$$

调用外部函数时，需要对其进行说明：

$$[extern]\ 函数类型\ 函数名（参数类型表）；$$

例如：

```
/*文件 mainf.c*/
void    main()
{ extern    void    input(int);                    /* 说明外部函数 input*/
  extern    void    process(char,int);             /* 说明外部函数 process*/
  extern    void    output(double);                /* 说明外部函数 output*/
  …
  input(100);                                       /* 调用外部函数 input*/
  process('A',20);                                  /* 调用外部函数 process*/
  output(12.5);                                     /* 调用外部函数 output*/
}

/*文件 subf1.c*/
  …
  extern void input(int    i) /*定义外部函数 input */
  {…}
/*文件 subf2.c*/
  …
  extern void process(char    ch,int j) /*定义外部函数 process*/
  {…}

/*文件 subf3.c*/
  …
  extern void output(double    d) /*定义外部函数 output*/
  {…}
```

6.6　函数应用实例

在 C 程序设计中，函数应用得好可以使得程序代码更加简洁易读。因此在编程过程中应该按照具体的功能需求将功能细化，并用函数来实现具体的子功能。

为了避免程序员做一些重复的工作和减少程序员的工作量，C 语言提供了强大的函数库来支持 C 程序员的编程工作。函数库中函数被定义相应的*.h（头文件）中，一般这些头文件被存放在 VC++软件系统文件夹的 include 文件夹中。如要使用这些系统函数，则必须在使用前用 include 指令包含定义了该函数的头文件，否则编译器将会报错。

下面的例程使用了函数库提供的时间函数和随机函数。

【例 6-10】　编写程序实现显示如下菜单：

1------加法

2------减法

3------乘法

4------除法(取整)

0------结束

请选择（0--4）：

用户作了选择后由计算机随机产生两个整数，并且输出所选择的计算算式，要求用户给出计算结果，之后对计算结果进行判断正确与否。

分析：该问题可以用一个函数 DisplayMenu 来完成菜单的输出，用函数 Display 来输出计算算式，加减乘除分别用函数 Add、Sub、Mul、Div 来实现，函数 Compute_result 实现算式的计算，如此一来问题就显得简单了，只需要编制好各函数并在主函数中调用即可。

例 6-10 代码：

```c
#include <stdio.h>
#include <time.h >/*time.h 文件中定义了获取当前时间函数 time*/
#include <stdlib.h>/*stdlib.h 文件中定义了随机函数 rand*/
int Add(int a,int b) /*加*/
{return a+b;}
int Sub(int a,int b) /*减*/
{return a-b;}
int Mul(int a,int b) /*乘*/
{return a**b;}
int Div(int a,int b) /*除*/
{return a/b;}
int Compute_result(int op,int a,int b)/*计算算式*/
{ int result;
    switch(op)
    {case 1:result=Add(a,b);break;
    case 2:result=Sub(a,b);break;
    case 3:result=Mul(a,b);break;
     case 4:result=Div(a,b);break;
     default:printf("无此类运算符！\n");
    }
    return result;
```

```
}
void DisplayMenu()/*输出菜单*/
{ system("cls");    /*清除屏幕*/
    printf("\n1------加法");
    printf("\n2------减法");
    printf("\n3------乘法");
    printf("\n4------除法(取整)");
    printf("\n0------结束");
    printf("\n 请选择(0--4)：");
}
int CreateNum(int a,int b)/*产生 a 到 b 之间的随机整数*/
{
    return rand()%(b-a+1)+a;
}
Display(int op,int a,int b)/*输出算式*/
{
switch(op)
{case 1:printf("%d+%d= ",a,b);break;
  case 2:printf("%d−%d= ",a,b);break;
  case 3:printf("%d*%d= ",a,b);break;
  case 4:printf("%d/%d= ",a,b);break;
  default:;
}
}
void main()
{int op;
 int r;
 int a,b;
 srand(time(0));/* time(0)获取当前时间作为随机数种子*/
 while(op)
    {DisplayMenu();
    scanf("%d",&op);
if(op<=4){
        a=CreateNum(1,10);
        b=CreateNum(1,10);
        a>b?Display(op,a,b):Display(op,b,a);/*保证大数在前面*/
        scanf("%d",&r);
     if(r==a>b?Compute_result(op,a,b):Compute_result(op,b,a))
            printf("你真棒！\n");
```

```
        else
    printf("别灰心！\n");
        printf("\n 按任意键继续！");
    getchar();    getchar();
}
    else printf("无此选项！\n");
}
}
```

运行结果如图 6-10 所示。

图 6-10   例 6-10 运行效果图

【注意】

rand 函数只产生 0 到 32767 之间的随机数，若

有产生 M 到 N 之间的随机数，可以采用 M+rand()%(N-M+1)的方式产生。

【实践】

（1）修改程序使得能求两个数的余数，并上机测试。

（2）将代码中的 srand(time(0))改为 srand(1000)再测试程序，观察修改前后的不同。

【思考】   为什么要把当前时间作为随机数种子？请参阅相关资料了解伪随机数和随机数的区别。

小   结

本章详细介绍了函数定义、声明以及函数调用的方法，再次深入了解变量的实质，介绍了变量的生存期、作用域和存储类别。函数调用的方式、调用时参数的传递，特别是数组作为参数传递的特征，都是函数里面比较重要的内容。函数的嵌套调用及函数递归的实现是函数应用的精华，运用好函数能使得程序简洁易读，编程工作可以做到事半功倍。

习   题

6-1   写一个函数求两个整数的最大公约数。

6-2   写一个函数实现对从键盘输入的 10 个整数按大到小排序。

6-3   用递归实现求 1+2+…+n 的和。

6-4   写一个函数判断一个整数是否为素数。

6-5   用函数实现对一个 10 个元素的数组中各元素进行逆置。

6-6   用函数统计一个整数的位数。

6-7   写一个递归函数实现组成一个整数的各位数字的逆序输出。

6-8   写一个递归函数求斐波纳契数列的第 20 项。

6-9   写出下列程序的运行结果：

（1）
```c
#include "stdio.h"
int f(int x,int y)
{
    return(y-x) *x;
}
int main()
{int a=3,b=4,c=5,d;
  d=f(f(3,4),f(3,5));
  printf("%d\n",d);
}
```
（2）
```c
#include "stdio.h"
unsigned fun ( unsigned num)
{
  unsigned k=1;
  do
  {
   k*=num%10;
   num/=10;
  } while(num);
  return(k);
}
int main()
{ unsigned n=26;
  printf("%d\n", fun(n));
  return 0;
}
```

第7章

神奇的指针

导引

程序运行时变量在内存中占据了一定存储空间，程序员可以很方便地通过变量名或者数组元素的访问方式来访问变量的存储空间。为了提高编程的灵活性，C 语言还为程序员提供了另外一种访问变量存储空间的方式，那就是指针。

学习目标

◇　掌握指针类型的定义、指针变量的使用。

◇　学会用 malloc()和 free()函数来分配空间和释放空间。

◇　理解指针与数组、字符串的关系。

◇　了解函数指针、掌握指针参数的使用。

7.1　细　说　指　针

7.1.1　通过指针变量访问内存空间

在前面我们知道定义好一个数组后，其中的数组元素个数就固定了，在程序运行中其元素个数是不可再被更改的。这对很多问题来讲也是一个缺陷，因为这些问题的共同点就是问题中数据集合的元素个数不固定，在程序执行前操作系统无法为数据分配具体的内存空间，C 语言中提供了一种很灵活的机制——动态分配空间来解决该类问题，其中涉及到一个概念，那就是指针。下面先来了解指针的相关概念。

指针实质上就是内存单元的地址，在机器内部体现为一个具体的长整型数（占 4 个字节）。每个内存单元都有一个唯一的地址，一般在微机中一个字节即为一个内存单元，因此每个字节地址都可能是个指针。

指针变量是指专门用来存放指针的变量空间。

C 语言提供定义指针变量的格式如下：

（1）类型　*指针变量名;

（2）类型　*指针变量名=指针;

例如：int *pi;　　/*定义名为 pi 的指针变量，pi 只可以存放一个 int 型数据空间的地址，

此时 pi 中的值未知，未被初始化*/

  char *pch;　/*定义名为 pch 的指针变量，pch 只可以存放一个 char 型数据空间的地址，此时 pch 中的值未知，未被初始化*/

上例中 pi 和 pch 变量的空间图描述如图 7-1 所示。

从上例可以看出单纯定义指针变量时，指针变量中的值是未知的。若指针变量未进行初始化，则不可进行访问，否则很危险，可能会造成系统崩溃。

例如：int i=100;　　　/*定义整型变量 i*/

int *pi;　　　　　　　/*定义整型指针变量 pi*/

pi=&i;　　　　　　　　/*让 pi 变量的值初始化为 i 变量的起始地址，&i 表示取 i 变量的起始地址*/

C 语言提供了一种获取变量起始地址的方法：

      &变量名

假定上例中 i 的地址为 X，则上面的 pi 与 i 的关系可以用图 7-2 来描述。通常称 pi 指向变量 i，或 i 变量空间是 pi 指针变量所指空间。可以看出，既然通过 pi 可以找到 i 的空间，那也意味着我们也可以通过 pi 去访问 i 空间。

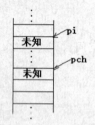

图 7-1　pi,pch 所指空间示意图

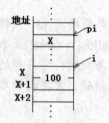

图 7-2　pi 与 i 关系示意图

C 语言提供了访问指针变量所指空间的格式：

*指针变量名　　或　　　*(结果为指针的表达式)

例如：char c='A';

char *pc=&c;

printf("%c",*pc);　　/* 该语句与语句 printf("%c",c);等价*/

pc='B';　　　　　　　/ 该语句与语句 c='B'等价　*/

"*指针变量名" 若是出现在赋值表达式的左边，则表示对指针变量所指的空间进行赋值，否则表示取指针变量所指空间的值参与相应运算。

下面通过例 7-1 来进一步理解指针。

【例 7-1】　通过程序来了解指针、指针变量及空间关系。

```c
#include <stdio.h>
void main()
{
int i=10;
char ch='A';
int * pi;                /*定义指针变量 pi*/
```

```
char *pch=&ch;        /*定义指针变量 pch，且让 pch 指向变量 ch 空间 */
float *pfl;
printf("该例程说明指针实际上是变量在内存中的起始地址。\n");
pi=&i;                /*初始化指针变量 pi，使其指向 i 变量空间*/
/*pfl=10.1234f;       /*该语句很危险，因为之前没有初始化指针变量 pfl*/
printf("\n 变量 i 在内存中的起始地址：%ld,占%d 个字节",pi,sizeof(pi));
printf("变量 i 的值是：%d\n",*pi);
printf("\n 变量 ch 在内存中的起始地址：%ld，占%d 个字节",pch,sizeof(pch)
);
printf("变量 ch 的值是：%c\n",*pch);
*pi=*pi+50;           /*pi 所指空间值在原有值的基础上加 50*/
printf("\n 执行语句\"*pi=*pi+50;\"后变量 i 的值是：%d",i);
ch=ch+3;
printf("\n 执行语句\"ch=ch+3;\"后指针变量 pch 的值是：%ld,占%d 个字节",pch,sizeof(pch));
printf("\n 执行语句\" ch=ch+3;\"后指针变量 pch 所指空间的值是:%c\n",*pch);
}
```
运行结果如图 7-3 所示。

图 7-3 例 7-1 运行效果图

【注意】

（1）对于所有指针都必须先让其有所指，即初始化之后才能去访问其所指空间。

（2）多次运行该程序或在不同机器上运行改程序，同一个指针变量的值可能会不同。

【实践】

（1）在例 7-1 的注释中包含语句 "pfl=10.1234f;"，请测试执行该语句并观察运行结果。

（2）增加一些其他数据类型的指针变量后上机测试，观察各种指向不同数据类型空间的指针变量，并确定指针变量值是否是长整型数据，占多少个字节。

【思考】

若有下面的定义：

int i=100;

int *pi=&i;

int **ppi=π

则 （1）*&pi、*&pi 和 pi 是否一致？

（2）**ppi、i 和*pi 是否一致？

提示：*、&两种运算符都可用在指针变量中，它们的优先级相同，右结合性。指向指针变量空间的指针叫二级指针，三级指针依此类推。

7.1.2 指针变量运算

在上一小节中我们已经全面认识了指针的本质，指针实质上就是一个表示内存地址的特殊长整型数，因此指针也和其他数据类型一样可以进行一些相应的操作和运算。C 语言为指针提供的运算有*、&、+、+=、−、−=、++、− −、=、>、<、==、! =、>=、<=和 sizeof()运算。

*、&运算符在前面已经介绍，在此不再赘述。

指针的+=、− =运算实质就是特殊的算术运算，这些运算的特点在于运算的左操作数只能是指针变量，右操作数只能是一个整型数或整型表达式，绝不可以是指针。

+和−运算的右操作数可以是与左操作数类型相同的指针，+运算没有实际意义，−运算结果为两指针之间的元素个数。

++和− −运算是指指针下移或上移所指数据占的字节数的长度。

指针的>、<、==、! =、>=、<=运算是比较两个指针值的大小。

值得注意的是，若指针类型是 X 类型，而运算右操作数值是 Y 的话，则指针变量的运算幅度是 Y*sizeof(X)。

例如：

int a[10];

int　*p=a[0];　　　/*p 指向 10 个整型数空间的第 0 个元素*/

int　*q=p;　　　　/*q 指针指向 p 所指空间*/

q+=2;　　　　　　/*q 指针指向 10 个整型数空间中的第 2 个*/

*q=100;　　　　　/*将 10 个整型数空间中的第 2 个空间值置为 100*/

上面语句执行后 p、q 指针的内存空间描述如图 7-4 所示。从图中可以看出，假定 p 的起始地址为 X，因 int 数在内存占 2 个字节，故 q 的值为 X+2*sizeof(int) 即，X+4。任何类型指针的 sizeof 运算结果都一样，在目前 32 位机器中都是 4，即用 4 个字节存储指针。故 sizeof（指针变量）运算结果为 4。

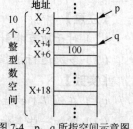

图 7-4　p、q 所指空间示意图

【例 7-2】　通过程序了解指针运算的特征。

```
#include <stdio.h>
void main()
{int a[10]={0,2,4,6,8,10,12,14,19,18};
 int *pi,*pj;
 double d[20];
 double *pd;
 pj=pi=&a[0];
 pd=&d[0];
 printf("pi 的值即 a[0]的地址是%ld\n",pi);
```

```
printf("pd 的值即 d[0]的地址是%ld\n",pd);
pi=&a[6];
pd++;
printf("pi=%ld,pj=%ld,pj-pi=%d\n",pi,pj,pi-pj);
printf("pd++后 pd 的值是%ld\n",pd);
printf("*pi++前 pi 的值是%ld，(*pi)=%d\n",pi,*pi);
*pi++;
printf("*pi++后 pi 的值是%ld，(*pi)=%d\n",pi,*pi);
printf("++*pi 前 pi 的值是%ld，(*pi)=%d\n",pi,*pi);
++*pi;
printf("++*pi 后 pi 的值是%ld，(*pi)=%d\n",pi,*pi);
printf("*++pi 前 pi 的值是%ld，(*pi)=%d\n",pi,*pi);
*++pi;
printf("*++pi 后 pi 的值是%ld，(*pi)=%d\n",pi,*pi);
printf("pi>pd=%d\n",pi>pd);
}
```

运行结果如图 7-5 所示。

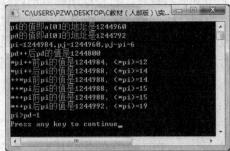

【注意】 指针变量进行比较时可以不考虑其类型，只比较其指针值（整型数）的大小。

【实践】 在例 7-2 中尝试改变指针变量的类型并对程序测试，观察结果的变化。

【思考】 *pi++与*(pi++)、*++pi 与*(++pi)、*pi++与(*pi)++各自有什么不同？

图 7-5　例 7-2 运行效果图

7.2　自己管理程序空间

　　C 语言允许程序运行时向系统申请一定的内存空间，在运行过程中申请内存空间称为内存的动态分配。C 语言的标准函数库提供了能让程序员自己管理程序空间的函数，主要有 malloc、calloc 和 free 函数。

7.2.1　学会使用 malloc

　　malloc 函数的功能是分配指定长度的内存块。如果分配成功则返回指向被分配内存的指针，否则返回空指针 NULL。当内存不再使用时，应使用 free 函数将内存块释放。

　　我们知道，一个程序运行过程中需要内存空间来存放各种数据，如程序中的变量和数组数据等。一般来说，程序运行所需要的空间有两类，一类是程序在运行前获得的空间，另一类是程序运行过程中获得的空间。我们把前一类获得的空间称为静态空间，后一类则称为动态空间。

　　到目前为止，前面例程中我们所接触到的各种变量空间均属于静态空间。对于静态空间我们可以不要关心其什么时候分配以及什么时候归还给系统，分配和释放归还工作全部由操作系统完成，对程序员是透明的（不可知）。而动态分配空间和释放空间则完全由程序员处理，C 语言提供了让程序员自己分配空间和释放空间的方法。

C 语言的库文件"stdlib.h"中定义了几个动态分配空间函数和一个动态释放空间函数free。下面我们先来了解常用的动态分配函数 malloc，malloc 函数的原型如下：

　　　　　　extern void *malloc(unsigned int size_t);

malloc 函数中的参数 size_t 表示所要求分配空间的大小，大小以字节为单位。malloc 函数返回所获得空间的起始地址，因为返回的地址类型属于空类型指针，所以使用该地址时一般要将其转换成程序员所需要的指针类型。（注意：void 型指针可以转换成为任意其他类型指针。）

malloc 函数的实质体现在，它可以将可用的内存块连接为一个长长的空闲内存链表。调用 malloc 函数时，它沿连接表寻找一个大到足以满足程序请求所需要的内存块。然后，将该内存块一分为二（一块的大小与程序请求的大小相等，另一块的大小就是剩下的字节）。接下来，将分配给程序的那块内存传给程序，并将剩下的那块（如果有的话）返回到连接表上。调用 free 函数时，它将程序释放的内存块连接到空闲链上。反复分配和回收，程序的可用内存空间会被分成许多小内存片段，此时若程序再申请一个大的内存片段，那么空闲链上可能没有可以满足程序要求的片段了。于是，malloc 函数请求延时，并开始在空闲链检查各内存片段，对它们进行整理，将相邻的小空闲块合并成较大的内存块。如果无法获得符合要求的内存块，malloc 函数会返回 NULL 指针，因此在调用 malloc 动态申请内存块时，一定要进行返回值的判断。

例如：int *pi;

　　　　　　pi=(int *) malloc(10);　　/*分配连续 10 个字节空间，将其空间起始地址转换成 int 指针并赋值给整型指针变量 pi*/

例如：char * pch;

　　　　　　pch=(char*)malloc(50);　　/*分配连续 50 个字节空间，将其空间起始地址转换成 char 指针并赋值给字符指针变量 pch */

例如：double * pd;

　　　　　　pd=(double *)malloc(100);　　/*分配连续 100 个字节空间，将其空间起始地址转换成 double 指针并赋值给双精度型指针变量 pd */

通过以上例子，我们可以发现一个问题，那就是调用 malloc 函数获得的空间是以字节为单位的。为了让程序员能明确具体分配的数据个数，C 语言提供了一个运算符 sizeof。该运算符是计算具体类型在具体机器环境中所占的字节空间。上面的例子可改成

例如：int *pi;

　　　　　　pi=(int　*) malloc(10*sizeof(int));　　/*分配连续 10 个 int 空间，将其空间起始地址转换成 int 指针并赋值给整型指针变量 pi*/

例如：char * pch;

　　　　　　pch=(char*)malloc(50*sizeof(char)); /*分配连续 50 个 char 空间，将其空间起始地址转换成 char 指针并赋值给字符指针变量 pch */

例如：double * pd;

　　　　pd=(double *)malloc(100*sizeof(double));　　/*分配连续 100 个 double 空间,将其空间起始地址转换成 double 指针并赋值给双精度型指针变量 pd */

7.2.2 学会使用 free

因为用户程序在执行过程中可以向系统动态申请内存空间,为了有效地对内存空间进行管理,要求程序在使用完动态获取的空间后必须将空间动态归还给系统,从而保证内存的充分利用,否则将造成程序内存空间的泄漏,也即程序的可用内存空间将越来越少。因此使用 malloc 函数分配的空间,若程序以后不再使用该空间了,则应该及时释放它,否则可能会造成该程序的内存泄漏。大量内存泄漏的后果是可能导致程序因无内存可再分配而无法再运行下去。

C 语言中用 free 函数来实现对动态分配的内存空间进行回收。在库文件 "stdlib.h" 中除了定义了 malloc 函数以外,还定义了 free 函数,free 函数比 malloc 函数显得更加简单。其函数原型如下:

　　　　void 　 free(void *ptr);

free 函数的功能是将 ptr 所指的内存空间归还给系统,调用 free 之前必须保证其中的实参指向的是用 malloc 或 calloc 等方式动态分配的空间。

对上一小节中的 pi、pch 和 pd 三个指针所指空间进行回收。

free(pi);　　　/*将 pi 所指的 10 个 int 型数据空间释放,归还给系统*/

free(pch);　　　/*将 pch 所指的 50 个 char 型数据空间释放,归还给系统*/

free(pd);　　　/*将 pd 所指的 100 个 double 型数据空间释放,归还给系统*/

下面运用指针采取动态分配空间来解决不同人数班级的平均成绩统计问题。

【例 7-3】 输入班级人数,之后录入 C 语言课程成绩,统计平均成绩并打印出来。

例 7-3 代码 1:

```
#include <stdio.h>
#include <stdlib.h>                    /*stdlib.h 文件中定义了 malloc、free 函数*/
  void main()
 {int *grade;
  double m=0.0;                       /*定义变量 m 进行累加*/
  int c;
  int num;                           /*num 存放班级人数*/
  printf("请输入班级人数: \n");
  scanf("%d",&num);
  grade=(int*)malloc(num*sizeof(int));
  /*动态分配 num 个连续的整型数空间,用来存放 num 个同学的成绩 */
  if(!grade)
{printf("无法分配内存! 程序退出! \n");
 exit(1); /*程序退出*/
}
  printf("请输入%d 个同学的 C 语言成绩: \n",num); /*输出提示信息*/
```

```
    for(c=0;c<num;c++)
    {printf("请输入第%d 位同学成绩：",c+1);
      scanf("%d",grade+c);
            /*录入第 c 位同学的成绩存入 grade 的第 c 个整型数空间*/
      m=m+ *(grade+c);                    /*成绩累加*/
    }
    m=m/num;                             /*计算平均成绩*/
    for(c=0;c<num;c++)
      printf("第%d 位同学成绩为：%d\n", c,*(grade+c));   /*输出各位同学的成绩*/
    printf("%d 位同学的平均成绩为：%7.2f\n", num,m);
    free(grade);                              /*释放 grade 所指的空间*/
}
```

例 7-3 代码 2：

```
#include <stdio.h>
#include <stdlib.h>              /*stdlib.h 文件中定义了 malloc、free 函数*/
  void main()
{int *grade;                    /*定义指针变量 grade*/
 double m=0.0;                  /*定义变量 m 进行累加*/
 int c;                         /*定义循环变量*/
 int num;                       /*num 存放班级人数*/
 int *p;                        /*定义指针变量 p，p 指向 grade 中某个整型数空间*/
 printf("请输入班级人数：");
 scanf("%d",&num);
 grade=(int*)malloc(num*sizeof(int));
      /*动态分配 num 个连续的整型数空间，用来存放 num 个同学的成绩*/
if(!grade)
{printf("无法分配内存！程序退出！\n");
 exit(1); /*程序退出*/
}
p=grade+0;                      /*让 p 指向 grade 的起始地址*/
printf("请输入%d 个同学的 C 语言成绩：\n",num);     /*输出提示信息*/
for(c=0;c<num;c++)
  {printf("请输入第%d 位同学成绩：",c+1);
scanf("%d",p); /*录入第 c 位同学的成绩存入 grade 的第 c 个整型数空间*/
    m=m+ *p;                     /*成绩累加*/
    p++;                         /*让 p 指向下一个整型数空间*/
  }
m=m/num;                        /*计算平均成绩*/
p=grade;                        /*让 p 重新指向 grade 的起始地址*/
```

```
for(c=0;c<num;c++)
  {printf("第%d 位同学成绩为：%d\n", c,*p);   /*输出各位同学的成绩*/
   p++;
}
printf("%d 位同学的平均成绩为：%7.2f\n", num,m);
free(grade);                    /*释放 grade 所指的空间*/
}
```

运行结果如图 7-6 所示。

图 7-6　例 7-3 运行效果图

【注意】　请注意例 7-3 代码 1 与代码 2 的区别。

【实践】　对例 7-3 中代码 1 或代码 2 进行修改，使得输出成绩的顺序与输入的顺序相反。

【思考】　思考例 7-3 中有哪些空间属于静态分配、哪些属于动态分配，以及指针变量本身空间是否属于动态分配。

7.3　指针和数组

7.3.1　用指针访问一维数组

数组是内存中的一段空间，C 语言在内部把数组名视为其空间的起始地址，因此可以简单地将数组名理解为特殊的指针变量，通过该指针变量可以访问数组中所有元素。

比较下面两种用法：

用法 1：　　　　　　　　　　　　用法 2：

```
int   a[10];                    int   a[10];
a[2]=20;                        *(a+2)=20;   /*对第 2 个元素赋值*/
int   j=a[2];                   int   j=*(a+2); /*第 2 个元素值赋给 j*/
```

用法 1 属于正常的数组元素访问，而用法 2 把数组名看作了一个特殊的指针变量，特殊之处在于该数组名不能像普通指针变量一样被赋值，但可以引用它。例如：

```
int    a[10];
*(a+2)=100;          /*正确*/
int *p=(int *)malloc(10*sizeof(int));
a=p;                 /*错误，因为 a 是数组名，不能被赋值*/
free(p);             /*先释放 p 所指空间，再让 p 指向 a 数组中第 2 个元素*/
p=a+2;               /*正确，让 p 指向 a 数组中的第 2 个元素*/
p++;                 /*p 指向 a 数组中的第 3 个元素*/
*p=50;               /*对 a 数组中第 3 个元素赋值为 50*/
free(p);             /*错误，p 所指空间为数组空间，属于静态分配空间，无需动态释放*/
```

上面的代码说明了数组名作为特殊指针的用法，同时也说明了可以用同类型的指针变量去访问各数组元素。

静态分配的数组空间可以通过指针变量来访问，数组名也可以看作特殊指针变量来使用。在 C 语言中，对于动态分配的空间，只要提供了指针变量指向该空间，则可以把指针变量名看作是数组名，使用数组方式来访问该空间中的元素。

例如：

```
int *pi=(int *)malloc(10*sizeof(int)); /*动态分配 10 个 int 数据空间，p 指向第 0 个元素*/
pi[0]=10;            /*对 pi 所指空间的第 0 个元素赋值为 10*/
pi[5]=30;            /*对 pi 所指空间的第 5 个元素赋值为 30*/
pi[6]=pi[0]+pi[5];   /*对 pi 所指空间的第 6 个元素赋值为第 0 和第 5 个元素之和*/
```

与上面代码等价的是

```
*(pi+0)=10;
*(pi+5)=30;
*(pi+6)=*(pi+0)+*(pi+5);
```

因此，例 7-3 的代码可以修改如下：

例 7-3 代码 3：

```
#include <stdio.h>
 #include <stdlib.h>                /*stdlib.h 文件中定义了 malloc、free 函数*/
   void main()
  {int *grade;                      /*定义指针变量 grade*/
   double m=0.0;                    /*定义变量 m 进行累加*/
   int c;                           /*定义循环变量*/
   int num;                         /*num 存放班级人数*/
   printf("请输入班级人数：\n");
   scanf("%d",&num);
   grade=(int*)malloc(num*sizeof(int));
      /*动态分配 num 个连续的整型数空间，用来存放 num 个同学的成绩 */
   if(!grade)
  {printf("内存分配无法完成！程序退出！");exit(1);}
```

```
    printf("请输入%d 个同学的《C 语言》成绩： \n",num);  /*输出提示信息*/
    for(c=0;c<num;c++)
    {printf("请输入第%d 位同学成绩： ",c+1);
     scanf("%d",&grade[c]);        /*录入第 c 位同学的成绩存入 grade 的第 c 个整型数空间*/
     m=m+ grade[c]);               /*成绩累加*/
    }
    m=m/num;                       /*计算平均成绩*/
    for(c=0;c<num;c++)             /*输出各位同学的成绩*/
        printf("第%d 位同学成绩为：%d\n", c,grade[c]));
    printf("%d 位同学的平均成绩为：%7.2f\n", num,m);
    free(grade);                   /*释放 grade 所指的空间*/
}
```

例 7-3 的代码 3 把动态空间当作数组来处理。

请比较例 7-3 的代码 1、2、3 的中对指针、数组的使用方法。

指针类型可以作为数组的基类型，即每个数组元素可以是同一种类型的指针，此时数组称为指针数组。

例如：

```
    int *pi[10]; /*定义一个整型指针数组，可以存放 10 个 int 指针*/
    char *name[10]; /*定义 char 指针数组 name，可以存放 10 个 char 指针*/
```

例 7-3 中只对学生成绩进行处理，例 7-4 在前面的基础上使用字符指针数组增加对姓名的处理。

【例 7-4】 输入 5 位同学姓名及对应 C 语言成绩后计算平均成绩并打印输出。

```
#include <stdio.h>
#include <stdlib.h>
#define NUM 5    /*学生数量*/
void main()
{int grade[NUM];                 /*定义存放 NUM 位同学 C 语言成绩的数组*/
double m=0.0;                     /*定义变量 m 进行累加*/
char *name[NUM]; /*定义指针数组用来存放指向 NUM 位同学姓名的指针*/
int c;                           /*定义循环变量*/
printf("请输入%d 个同学的姓名和 C 语言成绩： \n",NUM); /*输出提示信息*/
for(c=0;c<NUM;c++)
    {printf("第%d 位同学姓名： ",c+1);
     name[c]=(char*)malloc(20*sizeof(char));
     /*每位同学姓名不超过 10 个汉字*/
     if(!name[c]){printf("无法分配内存，程序退出！ \n");exit(1);}
     scanf("%s",name[c]);
     printf("成绩： ");
     scanf("%d",&grade[c]);                /*循环录入各同学成绩*/
```

```
        m=m+ grade[c]; /*累加成绩*/
    }
    m=m/NUM;                                    /*计算平均成绩*/
    printf("\n\n 姓名        成绩\n");
    for(c=0;c<NUM;c++)
        printf("%-15s%d\n", name[c], grade[c]);
            /*输出各位同学的姓名和成绩*/
    printf("\n 平均成绩为：%7.2f\n\n", m);
    for(c=0;c<NUM;c++)
        free(name[c]);   /*释放各动态分配的空间*/
}
```

运行结果如图 7-7 所示。

【注意】 例 7-4 中学生数量可以由 "#define NUM 5" 来控制，语句 "char *name[NUM];" 定义了一个指针数组，其中有 NUM 个元素，每个元素可以存放一个字符型指针。

【实践】 对例 7-4 中进行修改，使得不仅能对《C 语言》成绩处理，同时还能对《高等数学》的成绩进行处理，并上机测试。

图 7-7　例 7-4 运行效果图（运行后可将成绩对齐输出）

【思考】 例 7-4 中去掉最后的循环语句 "for(c=0;c<NUM;c++)　free(name[c]);"，程序运行是否会出错，若不会，为什么？

7.3.2　用指针访问二维数组

我们知道，一维数组的首地址或数组名实际上可以当作指针来处理，二维数组是特殊的一维数组，其首地址是否也可以看作指针呢？答案是肯定的。本小节讨论用指针来访问二维数组。

二维数组是个特殊的一维数组，其中每个元素为一个一维数组，并且每个元素为一行，按照 C 语言的存储规则，二维数组在内存中存储时是一行一行存储的，故每行的首地址既可以看作该行的第 0 个元素首地址又可以看作该一维数组的首指针。因此二维数组的首地址或二维数组名既可以看作第 0 行的首地址又可以看作第 0 行第 0 个元素的首地址，但需要注意的是，当看成第 0 行第 0 个元素的首地址时要求对其进行强制转换。当然，对二维数组中的元素进行访问时也可以把 N 个元素的二维数组看成一个 N 个元素的一维数组来访问，此时必须理解二维数组在内存的存储规则。

一般情况下，定义一级指针变量指向行的首地址。

例如：

```
int a[][3]={1,2,3,4,5,6,7,8};    /*定义二维数组 a*/
int *p;                          /*定义一级指针 p*/
p=(int*)a;                       /*让 p 指向 a 的第 0 行，将 a 强制转换成整型指针类型后
                                   再赋值给 p 变量*/
```

p=&a[0][0];　　　　　　　　　　/*p 指向 a 的第 0 行第 0 个元素*/

　　二维数组中的每行第 0 个元素地址可以用"数组名[行号]"或"*（数组名+行号）"来表达，每行第 i 个元素地址可以用"数组名[行号]+i"或"*（数组名+行号）+i"来表达。

　　例如：

int a[][3]={1,2,3,4,5,6,7,8};　　/*定义二维数组 a*/

int *p;　　　　　　　　　　　/*定义一级指针 p*/

p=a[1];　　　　　　　　　/*让 p 指向 a 的第 1 行的第 0 个元素，a[1]表示第 1 行的第 0 个元素地址，即&a[1][0] */

p=p+1;　　　　　　　　　/*让 p 指向第 1 行的第 1 个元素*/

p=*a+2;　　　　/*p 指向数组 a 的第 0 行第 2 个元素，与 p=&a[0][2]等价*/

p=*(a+2)+2;　　　/*p 指向数组 a 的第 2 行第 2 个元素，与 p=&a[2][2]等价*/

　　从上面可以看出，要将二维数组中的行首地址赋值给指针变量的话，必须将其强制转化成相应的一级指针变量类型才能赋值。把行看作为一个整体，则每行的第 0 个元素的地址则可以看作为该行的首地址，C 提供了行指针变量，行指针变量就是只能指向行的大小固定和类型固定的指针变量。

　　定义行指针变量格式：

　　　　　　　　类型　（* 行指针变量名）[行元素个数]；

　　取行的首地址可以用的方式：

　　　　　　　　&二维数组名[行号]

　　　　　　　　　　或

　　　　　　　　二维数组名+行号

　　例如：int (*p)[4];

　　定义了行指针变量 p，p 只能指向元素个数为 4 的二维数组中的行。

　　注意，p 不能指向单独的一维数组。一旦让 p 指向了某个二维数组的某行后，则（*p）就是一个一维数组了。通过行指针变量访问行元素的方式：

　　　　　　　　　　（*p）[下标]

　　例如：int a[][3]={1,2,3,4,5,6,7,8};/*定义二维数组 a*/

int (*p) [3];　　/*定义行指针变量 p*/

int* q;

int　j;

p=&a[1];　　/*让 p 指向二维数组 a 的第 1 行，等价于语句 p=a+1; */

p=p+1;　　　/*让 p 指向二维数组 a 的第 2 行*/

q=&(*p)[2];　/*q 指针变量指向 p 所指行的第 2 个元素*/

j=(*p)[1];　　/*将 p 所指行的第 1 个元素赋值给 j 变量*/

　　下面的例 7-5 给出了指针与二维数组的关系及用法，请读者注意代码中的各种写法。

　　【例 7-5】　输入一个 M×N 的矩阵，求出所有元素中的最大和最小元素以及各行中的最大最小值。

　　分析：用函数 maxmin 求出具体某行的最大或最小值，用行指针作为参数（指针参数在下一节介绍），函数原型为

int maxmin(int(*p)[N],int b)，

其中参数 p 为行指针，b 的值用于决定 maxmin 函数的功能是求最大值或是求最小值。

例 7-5 代码：

```
#include <stdio.h>
#define M 3
#define N 4
int maxmin(int(*p)[N],int b)    /*求出 p 所指行中的最大或最小值，b 为 1 时求最大值，否则
                                   求最小值*/
{   int *q=(int*)p;
    int x=0; /*x 为最大或最小元素的下标*/
    int i=0;
    if(b) /*求最大值*/
    {while(i<N)                 /*while 循环求出行中最大值*/
        {if(*(q+x)<*(q+i)) x=i;
            i++;
        }
    }
    else/*求最小值*/
    {while(i<4)                 /*while 循环求出行中最小值*/
        {if(*(q+x)>*(q+i)) x=i;
            i++;
        }
    }
    return *(q+x);   /*返回最大或最小值*/
}
void main()
{int a[M][N];                   /*用二维数组来定义 M×N 的矩阵*/
 int *p;
 int min,max;
 int i,j;
 printf("请输入矩阵(%d*%d)元素值！\n",M,N);
 for(i=0;i<M;i++)
 {p=(int*)a[i];                 /*p 指向第 i 行*/
  printf("第%d 行",i+1);
  for(j=0;j<N;j++)scanf("%d",p++); /*录入每行数据*/
 }
 p=a[0]+0;                       /*p 指向第 0 行第 0 个元素*/
 min=max=*p;
 i=0;
```

```
while(i<M*N)                        /*while 循环求出矩阵中最大值和最小值*/
{if(min>*p) min=*p;
 if(max<*p) max=*p;
 i++;
 p++;
}
printf("\n 该矩阵中最大元素值为%d\n 最小元素值为%d\n\n",max,min);
for(i=0;i<M;i++)/*输出各行的最大最小值*/
    printf("第%d 行的最大值是：%d，最小值是：%d\n",i+1,maxmin(&a[i],1),
                                                maxmin(&a[i],0));
}
```

运行结果如图 7-8 所示。

图 7-8　例 7-5 运行效果图

【注意】　在例 7-5 代码中，通过指针访问二维数组的行和元素的写法有很多，请注意各种写法的不同。

【实践】　仿照例 7-5 代码实现两个 M×N 的矩阵相加，并输出结果，请上机测试。

【思考】　定义二维数组 a 和整型变量 i，j，则 a+i、*(a+i)+j、a[i]、a[i]+j、&a[i]、*(a+i) 和& a[i][j]的含义是什么？它们之间有什么关系？上机设计例程测试。

7.3.3　字符指针、字符串和字符数组

字符串在内存中实质上就是一段连续存储了字符的空间，该空间最后字节存储的是 0，即'\0'字符。由此可知，字符串的起始地址实际上就是一个字符指针，它可以赋值给字符指针变量。另外，字符串也可以看作一个特殊字符数组，其最后元素为'\0'字符，数组元素个数为字符串长度加 1。反过来，字符数组中若有元素值为'\0'字符，则该字符数组'\0'之前的字符元素（不包括'\0'字符）可以看作一个字符串。

例如：

```
char *p;
p="ABCD"; /*字符指针变量指向一个字符串，该串的长度为4，在内存占 5 个字节*/
char ch1[]="ABCD";/*定义字符数组，数组有 5 个元素，其中最后元素值为'\0'*/
char ch2[]={'A', 'B', 'C', 'D'};/*该数组元素不能够成字符串*/
ch2[3]=0;       /*此时数组 ch2 内容可以看作字符串，长度为 3，空间为 4 个字节*/
```

```
char ch3[10]={ 'A', 'B', 'C', 'D',0, 'E', 'F'};/*数组 ch3 可以看作字符串，字符串长度为 4*/
char ch4[5]={ 'A', 'B', 'C', 'D',0, 'E', 'F'}        /*错误，数组 ch4 只有 5 个元素*/
char ch5[4]="ABCD";   /*错误，ch5 只有 4 个元素，"ABCD"需 5 个字符空间*/
char*name[50]; /*定义 50 个元素的字符指针数组，每个元素放一个字符指针*/
```

C 语言为程序员提供了一系列的字符串操作函数，把这些函数集成在文件 string.h 中。典型的字符串操作函数有如下一些：

```
strcpy(char *s1, const char *s2);            /*将字符串 s2 拷贝给字符串 s1*/
strcat(char *s1, const char *s2);            /*将字符串 s2 连接到字符串 s1 的尾部*/
strcmp(const char *s1, const char *s2);      /*比较字符串 s1 和 s2，完全相等返回 0，
                                             小于返回负数，大于返回正数*/
strlen(const char *s);                       /*返回字符串 s 的长度*/
memcpy(void *p1,void*p2,int size);           /*将 p2 所指内存空间中连续 size 个字节内容
                                             拷贝到 p1 所指空间*/
```

函数 strcmp 将两个字符串对应字符依次比较，不相等就结束比较，且返回不相等时比较的两个字符 ASCII 码之差。如"ABCD"与"ABcD"两个字符串，在比较时'C'和'c'不等，此时结束比较，并且函数返回'C'和'c'的 ASCII 码之差。

【例 7-6】   通过程序理解字符数组、字符串、指针及字符串函数。

```
#include <stdio.h>
#include <stdlib.h>
#include <string.h>
void main()
{char str1[]="string1";
  char str2[]="string21\0string22";
/*数组 str2 中存放两个字符串"string21"和"string22"*/
char str3[]={'s','t','r','i','n','g','3',0};
char*str4="string4";
char*str5=0;                        /*str5 为空指针*/
char*p;
int cmpr;                           /*存放字符串比较值*/
printf("str1 长度为：%d\nstr2 长度为%d",strlen(str1),strlen(str2));
p=str2+strlen(str2)+1;              /*p 指向 str2 中的第二个字符串*/
printf("\n%s",p);
str5=(char*)malloc(strlen(str1)+1);  /*替 str5 分配空间，为下面的字符串拷贝作准备*/
strcpy(str5,str1);                   /*将 str1 拷贝到 str5*/
printf("\n 执行 strcpy(str5,str1);后 str5=\"%s\"\n",str5);
cmpr=strcmp(str1,str2);
printf("\n 执行 strcmp(str1,str2)返回值为%d\n",cmpr); /*str1 与 str2 比较*/
/*下面的代码实现将字符串 str3 连接到字符串 str5 的尾部，先将让 p 指向
str5，再重新为 str5 分配空间，大小为原来字符串长度与 str3 长度之和*/
```

```
p=str5;                                    /*p 指向 str5*/
str5=(char*)malloc(strlen(p)+strlen(str3)+1);   /*str5 重新分配空间*/
strcpy(str5,p);                            /*将 p 的内容重新拷贝到 str5 空间*/
free(p);                                   /*释放原来 str5 的空间*/
strcat(str5,str3);                         /*有足够空间来连接 str3 了*/
printf("\n 执行 strcat(str5,str3);后 str5=\"%s\"\n",str5);
    /*下面的代码实现 memcpy*/
free(str5);
str5=(char*)malloc(20);
memcpy(str5,str2,18);                      /*实现内存空间拷贝，与 strcpy 不同*/
printf("\n%s",str5);
p=str5+strlen(str5)+1;                     /*str5 所指空间有两个字符串*/
printf("%s\n",p);
free(str5);                                /*释放 str5 的空间*/
}
```

【注意】

（1）使用 strcpy 函数和 mencpy 函数一定要保证目的空间足够来容纳源字符串内容，否则将会出现运行错误。另外，字符串的各种操作很容易出错，在使用的过程中要注意字符串的结束符是否存在。一般有关字符串的操作都涉及到动态分配空间，应该养成及时释放空间的良好习惯。

（2）字符指针变量所指的空间不一定存放的是字符串。当要通过字符指针变量输出字符串时，一定要确保指针所指空间有字符串结束标志（'\0'）。

【实践】　将例 7-6 中的代码 char str3[]={'s','t','r','i','n','g','3',0};改为 char str3[]={'s','t','r','i','n','g','3'};再进行测试。看看会出现什么情况，为什么？

【思考】　　在例 7-6 中，对于类似 char str2[]="string21\0string22";定义的数组，其中包含了多个字符串？直接使用 printf("%s",str2);是不能输出其中全部字符串的，除了例 7-6 中的办法还有其他输出其全部字符串的办法吗？

7.4　指针参数与函数指针

7.4.1　参数传递——指针参数传递

在上一章中介绍了函数的参数传递方式之一，即值传递，本节介绍函数参数传递的另一种方式——指针传递。如果实际参数值是指针，则值传递就演变为指针传递（即地址传递）。指针传递是要求函数对应的形式参数必须为指针类型或数组类型。指针传递有其特殊性，因为实际参数是指针，相应的形式参数也需要是指针，所以在被调函数体中可能通过形式参数来修改实际参数所指空间的值，这是值传递和指针传递区别的关键之处。

【例 7-7】　从键盘输入数据个数 n，之后输入 n 个数据并将该 n 个数据其按从大到小排序。

分析：先采用动态分配方式为数组分配空间，函数 printA 负责输出数组中各元素的值，sort 函数用来对数组中的元素进行排序。printA 和 sort 函数中均使用一个数组和一个整型数作为形式参数。在函数 sort 中调用 swap 函数来对两个数进行交换。

例 7-7 代码 1：

```
#include <stdio.h>
#include <stdlib.h>
void swap(int a,int b)          /*值传递*/
  {int    t;
    t=a;a=b;b=t;                /*交换的是形式参数 a 和 b 的值，与实际参数无关*/
  }


void main()
 {int num,i;
  int * a;
  void sort(int b[],int);       /*声明函数 sort，其定义在 main 函数之后*/
  void    printA(int b[],int);  /*声明函数 printA，其定义在 main 函数之后*/
  printf("请输入数据个数：");
  scanf("%d",&num);
  printf("请输入%d 个整型数！\n",num);
  a=(int*)malloc(num*sizeof(int)); /*为指针变量 a 分配 num 个整型数空间*/
  for(i=0;i<num;i++)
     scanf("%d",a+i);      /*输入 num 个数到 a 中*/
  printf("\n 排序前数据为：\n");
  printA(a,num);    /*调用 printA 函数输出数组 a 中各元素*/
  sort(a,num);      /*调用函数 sort，实现对 a 中元素的排序*/
  printf("\n 排序后数据为：\n");
  printA(a,num);        /*调用 printA 函数输出数组 a 中各元素*/
  free(a);      /*释放 a 所指空间*/
}
void printA(int b[],int num)    /*其中 b 为数组参数，实际上为指针参数传递*/
{int i;
 for(i=0;i<num;i++)
    printf("%d   ",b[i]);   /*输出数组形参 b 中各元素*/
 printf("\n\n");
}
void sort(int b[],int num)    /*调用 sort 函数对 a 中各元素进行从大到小的排序*/
{int i,j;
 int max;
 for(i=0;i<num−1;i++)
```

```
    {   max=i;
        for(j=i+1;j<num;j++)
        if(b[max]<b[j])max=j;
         if(max!=i)swap(b[max],b[i]);
    }
}
```

例 7-7 代码 2：

```
#include <stdio.h>
#include <stdlib.h>
 void swap(int *a,int * b)   /*指针传递*/
    {int   t;
     t=*a;*a=*b;*b=t; /*交换指针 a 和 b 所指空间的值，实际也就是实参指针所指空间
的值*/
    }
 void main()/*主程序*/
 {int num,i;
   int * a;
   void sort(int b[],int);   /*声明函数 sort，其定义在 main 函数之后*/
   void    printA(int*b,int); /*声明函数 printA，其定义在 main 函数之后*/
   printf("请输入数据个数：");
   scanf("%d",&num);
   printf("请输入%d 个整型数！\n",num);
   a=(int*)malloc(num*sizeof(int));
   for(i=0;i<num;i++)
      scanf("%d",a+i);
   printf("\n 排序前数据为：\n");
   printA(a,num);
   sort(a,num);
   printf("\n 排序后数据为：\n");
   printA(a,num);
    free(a);      /*释放 a 所指空间*/
  }
  void printA(int *b,int num) /*b 属于指针传递，num 属于值传递*/
  {int i;
   for(i=0;i<num;i++)
      printf("%d   ",b[i]);
   printf("\n\n");
  }
  void sort(int b[],int num)      /*数组 b 属于指针传递，num 属于值传递，num 指出 b 中元
```

素个数*/

```
{int i,j;
 int max;
 for(i=0;i<num-1;i++)
 {max=i;
    for(j=i+1;j<num;j++)
        if(b[max]<b[j])max=j;
    if(max!=i)swap(b+max,b+i);     /*交换 b[max]和 b[i]两个元素的值，传指针*/
 }
}
```

例 7-7 代码 1 中的 swap 函数交换的是函数内部的局部变量，对 sort 函数中的数组元素没有任何影响。而例 7-7 代码 2 中的 swap 函数因为采取的是指针传递，在函数体中交换的是两个参数所指的空间的值，实际上也就是实参所指空间的值，因此对于例 7-7 中的两种方案，只有代码 2 可以实现排序。

【注意】 例 7-7 中用到了数组和指针作为函数的参数，数组作为函数参数进行传递时实际上等价于指针传递，因此在函数体中可以修改实参数组中的元素值。

【实践】 测试例 7-7 代码 1 和例 7-7 代码 2，比较两种代码结果的异同，分析原因。

【思考】 对于例 7-7 代码 2 中的 swap 函数，若做如下修改：

```
void swap(int *a,int * b)   /*指针传递*/
    {int * t;
        t=a;a=b;b=t;     }
```

代码 2 还能完成程序的功能吗？为什么？

7.4.2 函数指针

我们知道，一定类型数据的空间首地址可以看作是该种类型的一个指针，如果把函数空间看作是一种特殊的数据（实际是代码）空间，则函数空间的首地址也就可看作一种特殊的指针，这就是函数指针。C 语言允许用户创建和使用指向函数空间的函数指针变量。

函数指针变量定义的一般形式为

　　　　　类型说明符　 (*函数指针变量名)(所指函数的参数表声明);

其中"类型说明符"表示被指向函数的返回值的类型。

例如：

int (*max)(int，int);   /*定义函数指针 max，max 可以指向带两个整型参数且返回值
　　　　　　　　　　　　　为整型的函数空间*/

int (*min)(int,int,int);   /*定义函数指针 min，min 可以指向带三个整型参数且返回值为
　　　　　　　　　　　　　整型的函数空间*/

int (*comp)(float*, int*)   /*定义函数指针 comp，comp 可以指向带两个参数（float 型
　　　　　　　　　　　　　指针类型参数和 int 型指针类型参数）且返回值为整型的函数
　　　　　　　　　　　　　空间*/

　　定义函数指针变量时变量名两边的括号必不可少，如果少了括号声明的就是一个函数返回值为指针的函数。

　　例如：int *max ( );　　　　/*这种形式是错误的，它是函数说明，说明 max 是一个指
　　　　　　　　　　　　　　　针型函数，其返回值是一个指向整型量的指针，**max** 两边
　　　　　　　　　　　　　　　没有括号*/

　　定义函数指针变量的目的就是为了让函数指针变量指向相应类型的函数，并且通过该函数指针变量去调用所指向的函数。在 C 语言中，一个函数的函数名就是该函数空间的首地址，因此对函数指针变量的初始化可以简单的理解为将相应函数名赋值给函数指针变量。

　　如已定义如下函数：

　　int Max (int,int)）；

　　int Min (int,int,int);

　　则通过以下赋值就可以使上面定义的函数指针 max 和 min 可以指向以上两个函数：

　　max=Max；

　　min=Min；

　　一旦一个函数指针变量指向了具体某个函数后，则可以通过函数指针变量去调用所指向的函数了。

　　通过函数指针调用函数的一般调用格式：

（*函数指针变量名）（实参表）

　　例如：

　　char　　Max(char　ch1,char ch2)

　　　　{return　　ch1>ch2?ch1:ch2;}

　　char　　(*pMax)(char,char);　　/*定义函数指针变量 pMax*/

　　pMax=Max；　　/*让 pMax 指向 Max 函数，以后就可以通过 pMax 调用 Max 函数了*/

　　printf（"%c",(*pMax)('A', 'c')）；/* (*pMax)('A', 'c')相当于 Max（'A', 'c'）调用*/

　　指向函数的指针最常用到的是把函数作为参数传递给另一个函数。例如一个函数可对数值进行排序，如果把一个指向函数 A 的指针传递给它则函数实现升序排序，若把一个指向函数 B 传递给它则函数实现降序排序。

　　【例 7-8】　用定义指向函数的指针的方法，比较两个数值求最大值或最小值。

　　例 7-8 代码 1：

　　#include <stdio.h>

　　/*声明定义指向函数指针 comp，表示 comp 是一个指向函数入口的指针变量，该函数的返回值（函数值）是整型*/

　　int get_result(int a, int b, int (*comp)(int,int))

　　{

　　　　return　　(*comp)(a, b);　　　　　　　　/*通过函数指针调用函数*/

　　}

　　int max(int a, int b)

```
{/*求最大值函数*/
    printf("求两个值中最大值。\n");
    return((a>b)?a:b);
}
int min(int a, int b)
{/*求最小值函数*/
    printf("求两个值中最小值。\n");
    return((a<b)?a:b);
}

void main(void)
{/*主函数*/
    int result;
    result = get_result(7, 8, max);      /*把函数 max 传递给函数 get_result*/
    printf("7 和 8 中 %d 最大。\n", result);
    result = get_result(7, 8, min);      /*把函数 min 传递给函数 get_result*/
    printf("7 和 8 中 %d 最小。\n", result);
}
```

例 7-8 代码 2：

```
#include <stdio.h>
int max(int a,int b)
{/*求最大值函数*/
if(a>b)return a;
else return b;
}
int min(int a,int b)
{/*求最小值函数*/
if(a<b)return a;
else return b;
}
void main(){
int max(int a,int b);
int min(int a,int b);
int(*comp)(int,int);      /*声明定义函数指针 comp，表示 comp 是一个指向函数入口的
                            指针变量，该函数的返回值（函数值）是整型。*/
int x,y,z;
comp =max;                /*把被调函数的入口地址（函数名）赋予该函数指针变量，如果求
                            最小值则 comp =min; */
printf("请输入两个整数值\n");
```

```
scanf("%d%d",&x,&y);
z=(* comp)(x,y);
printf("最大值=%d\n",z);
comp=min;
z=(* comp)(x,y);
printf("最小值=%d\n",z);
}
```

【注意】　例 7-8 代码 1 中函数指针作为函数参数，注意其写法，同时在实际调用时应使用相应的函数名作为实参。

【实践】　测试例 7-8 代码 1 和例 7-8 代码 2，比较两种函数指针的用法。

【思考】　能否定义函数指针数组？如能，如何定义？

7.5　灵活的指针

指针是 C 语言中最为灵活的一种数据类型，通过指针能方便地访问内存空间。然而，使用指针的过程中必须小心谨慎，一般在 C 程序中的运行错误绝大部分是因为指针引起的。下面通过一个例子综合说明指针的使用。

【例 7-9】　设计如图 7-9 所示的菜单程序以实现对学生姓名、C 语言成绩的管理工作。

程序允许用户在菜单中选择，选 1 时完成数据的输入，包括输入学生数量、学生姓名和成绩；选 2 或 3 时则对输入的数据进行升序或降序排序；选 4 时则清空输入的所有数据；选 5 则显示系统中的数据；选 0 则退出程序。

图 7-9　例 7-9 运行效果图

问题分析：

整个程序在 main 函数中设计为死循环，当用户选择了 0 则调用系统函数 exit 退出该程序。程序划分为 6 个主要模块，分别实现主菜单的显示、数据的输入、数据的升序排序、数据的降序排序、数据清空和显示数据。以上功能模块分别由 DisplayMenu 函数、InputData 函数、SortA 函数、SortD 函数、ClearData 函数和 DisplayData 函数完成。

程序定义二级字符指针变量 name 用来存放学生姓名，指针变量 C_grade 用来存放学生成绩，num 用来存放学生数量。定义了函数指针数组 fun 用来存放各功能模块函数的指针，以便实现菜单功能的调用。

例 7-9 代码：

```
#include <stdio.h>
#include <stdlib.h>
#include <string.h>
/*定义全局变量*/
char**name;        /*二级指针用来存放学生姓名*/
int num;           /*学生数量*/
```

```
int *C_grade;        /*学生成绩*/
void(*fun[6])();     /*函数指针数组*/
int clear=1;         /*数据清除标志，1 表示无数据，0 表示有数据*/
void DisplayMenu()/*显示菜单*/
{ system("cls");     /*清除屏幕*/
  printf("\n1：输入数据");
  printf("\n2：对成绩进行升序排序");
  printf("\n3：对成绩进行降序排序");
  printf("\n4：数据清空");
  printf("\n5：显示数据");
  printf("\n0：退出");
  printf("\n 请选择(0-5)：");
}
void InputData()/*完成输入数据功能*/
{int i;
  printf("请输入人数：");
  scanf("%d",&num);
  name=(char**)malloc(num*sizeof(char*));/*分配 num 个元素的指针数组存放学生姓名*/
  C_grade=(int*)malloc(num*sizeof(int)); /*分配 num 个元素的整型数组存放学生 C 语言
成绩*/
  for(i=0;i<num;i++)
  {
    printf("请输入第%d 个学生姓名：",i+1);
    name[i]=(char*)malloc(10); /*为第 i+1 个学生分配存放姓名串的空间*/
    scanf("%s",name[i]); /*输入姓名*/
    printf("请输入%s 的 C 语言成绩：",name[i]);
    scanf("%d",&C_grade[i]); /*输入 C 语言成绩*/
    flushall();/*清空输入缓冲区*/
  }
  clear=0; /*表示已经输入数据*/
}
void SwapName(char*n1,char *n2) /*交换 2 个字符串*/
{char *temp; /*临时字符串指针*/
  temp=(char*)malloc(sizeof(n1)+1);     /*为 temp 分配空间*/
  strcpy(temp,n1); /*将 n1 拷贝到 temp 空间*/
  free(n1);
  n1=(char*)malloc(strlen(n2)+1); /*n1 重新分配空间*/
  strcpy(n1,n2);                         /*将 n2 空间值拷贝到 n1 中*/
  free(n2);                              /*释放 n2 空间*/
```

```
n2=(char*)malloc(strlen(temp)+1); /*重新为 n2 分配空间*/
strcpy(n2,temp);                    /*将 temp 所指空间值拷贝到 n2 空间中*/
free(temp);                         /*释放 temp 所指空间*/
}


void SortA()/*函数中采取冒泡排序法对 C_grade 中元素进行升序排序*/
{int temp;
 int i,j;
 if(!clear) /*有数据则排序*/
 {
    for(i=0;i<num-1;i++)/*共 size-1 趟冒泡*/
       for(j=1;j<num-i;j++)     /*第 j 趟冒泡*/
       {if(C_grade[j-1]>C_grade[j]) /*条件成立则交换 C_grade[j]和 C_grade[j-1]的值*/
           { temp= C_grade[j];
             C_grade[j]= C_grade[j-1];
             C_grade[j-1]= temp;
             SwapName(name[j],name[j-1]); /*交换姓名*/
           }
       }
    }
     else
     {printf("无数据或数据被清空！ ");getchar();}
}
void SortD()/*函数中采取冒泡排序法对 C_grade 中元素进行降序排序*/
{int temp;
 int i,j;
 if(!clear) /*有数据则排序*/
 {
 for(i=0;i<num-1;i++)/*共 size-1 趟冒泡*/
     for(j=1;j<num-i;j++)     /*第 j 趟冒泡*/
     {if(C_grade[j-1]<C_grade[j]) /*条件成立则交换 C_grade[j]和 C_grade[j-1]的值*/
         { temp= C_grade[j];
           C_grade[j]= C_grade[j-1];
           C_grade[j-1]= temp;
           SwapName(name[j],name[j-1]); /*交换姓名*/
         }
     }
 }
 }
 else
```

```
{printf("无数据或数据被清空！");getchar();}
}
void DisplayData()/*输出显示学生姓名和成绩*/
{int i;
if(!clear) /*有数据则显示*/
{
system("cls");  /*清除屏幕*/
printf("序号  姓  名          C 语言成绩\n");
for(i=0;i<num;i++)
  printf("%2d      %s            %d\n",i+1,name[i],C_grade[i]);
getchar();/*输出结果后处于等待用户输入状态*/
flushall();/*清空输入缓冲区*/
}
else
{printf("无数据或数据被清空！");getchar();
}
}
void ClearData()/*清除数组中的所有数据并释放空间*/
{int i;
if(!clear) /*有数据则清除*/
{
  for(i=0;i<num;i++)/*释放 name[i]所指空间*/
      free(name[i]);
  free(name); /*释放 name 所指空间*/
  free(C_grade); /*释放 C_grade 空间*/
}
  clear=1; /*表示已经清空数据*/
}
void ExcuteMenu(int i) /*执行菜单选项 i*/
{if((i>=0)&&(i<=5))
    (*fun[i])(); /*通过函数指针调用各功能函数*/
else
  printf("选项无效！");
}
void Exit()/*退出程序*/
{exit(1);
}
void InitFun()/*初始化函数指针数组*/
{fun[0]=Exit;
```

```
    fun[1]=InputData;
    fun[2]=SortA;
    fun[3]=SortD;
    fun[4]=ClearData;
    fun[5]=DisplayData;
}
void main()
{int sel; /*选项值*/
InitFun();/*初始化函数指针数组*/
while(1) /*死循环显示菜单*/
        {DisplayMenu();/*显示菜单*/
        scanf("%d",&sel); /*输入菜单选项*/
        flushall();/*输入清空缓存区*/
        ExcuteMenu(sel); /*执行菜单选项*/
        }

}
```

【注意】

（1）例 7-9 中使用了二级指针，请注意二级指针的定义和使用方法。

（2）例 7-9 中用到了函数指针数组，请注意函数指针
数组的定义和使用方法。

【实践】　对例 7-9 进行改进，使得程序能找出最高分
和最低分来。显示菜单如图 7-10 所示。

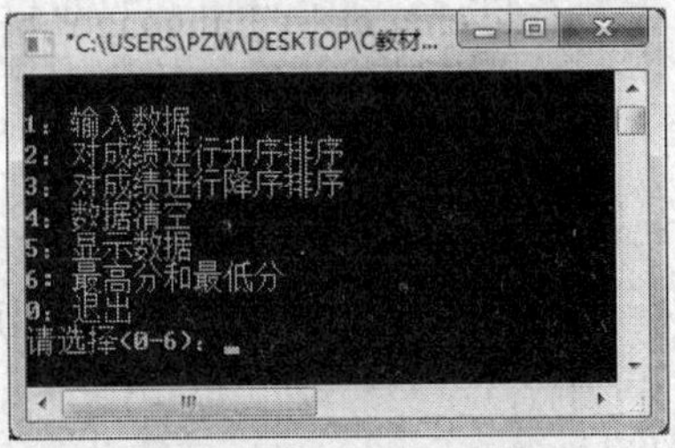

改进程序后反复进行测试，检查每项功能是否能正确
实现。

【思考】　SwapName 函数是交换两个字符串，如果字
符串是汉字时（如输入姓名时是中文名），该函数还是正确的吗？如果不正确，请查阅相关资
料并修正该函数。

图 7-10

小　　结

本章主要介绍了指针、指针变量、指针变量所指空间的含义；指针变量的定义和运算；
在指针的使用中常用到的动态空间分配的方法（malloc、free 函数的使用）；指针和数组的
关系，字符指针与字符串、字符数组的关系；指针作为函数参数的使用，函数指针的定义
和使用。

C 语言的指针是很灵活的，指针的灵活运用能使程序更加简洁易读，更重要的是程序
的执行效率高，但大量的指针使用也带来的不小的负面影响，程序中的大量运行错误都与
指针使用不当有关，因此只有在熟练掌握指针的同时谨慎使用指针，才会让程序显得更加
健壮。

习　题

7-1　写出下面程序运行结果:

（1）

```c
#include <stdio.h>
void sub(int x, int y, int *z)
{*z=y-x;}
void main()
{
int a,b,c;
sub(10,5,&a); sub(7,a,&b); sub(a,b,&c);
printf("%d,%d,%d\n",a,b,c);}
```

（2）

```c
#include <stdio.h>
void main()
{
static char a[ ]="Language",b[ ]= "program";
char *p1,* p2;
int k=2;
p1=a; p2=b;
printf(" %c%c",*(p1+k),  p2[k]);
}
```

（3）

```c
#include <stdio.h>
void main()
{int x[][4]={2,4,6,8,10,12,14,16,18,20,22},*p,**pp;
 p=(int*)x;
 pp=x;
 printf("*(p+1)=%d", *(p+1));
 printf("*(pp[3]+1)=%d\n",*(pp[3]+1));
}
```

（4）

```c
#include <stdio.h>
void swap1(int p,int q)
{int t; t=p; p=q; q=t;}
void swap2(int *p,int* q)
{int t; t=*p; *p=*q; *q=t;}
```

```
void main()
{int a=10,b=20;
printf("调用 swap1 前 a=%d,b=%d\n",a,b);
swap1(a,b);
printf("调用 swap1 后 a=%d,b=%d\n",a,b);
printf("调用 swap2 前 a=%d,b=%d\n",a,b);
swap2(&a,&b);
printf("调用 swap2 后 a=%d,b=%d\n",a,b);
}
```

7-2 变量的指针，其含义是指该变量的（   ）。

A．值   B．地址   C．名   D．一个标志

7-3 设 char *s="\ta\017bc";则指针变量 s 指向的字符串所占的字节数是（   ）。

A．9   B．5   C．6   D．7

7-4 设有以下程序段：char s[]="china"; char *p; p=s; 则下列叙述正确的是（   ）。

A．s 和 p 完全相同

B．数组 s 中的内容和指针变量 p 中的内容相等

C．s 数组长度和 p 所指向的字符串长度相等

D．p 与 s[0]相等

7-5 已定义 char s[10];则在下面表达式中不表示 s[1]的地址是（   ）。

A．s+1   B．s++   C．&s[0]+1   D．&s[1]

7-6 若有定义 int(*p)[4];则标识符 p（   ）。

A．是一个指向整型变量的指针

B．是一个指针数组名

C．是一个指针，它指向一个含有 4 个整型元素的一维数组

D．定义不合法

7-7 若有以下定义和赋值语句，则以 s 数组的第 i 行第 j 列元素地址的合法引用为
（   ）。

int s[2][3]={0},(*p)[3]; p=s;

A．*(*p+i)+j   B．*(p+j)   C．*(p+i)+j   D．*(p+i)

7-8 若有以下定义，则*(p+5)表示（   ）。

int a[10],*p=a;

A．元素 a[5]的地址   B．元素 a[5]的值

C．元素 a[6]的地址   D．元素 a[6]的值

7-9 若有定义 int*p[4]:则标识符 p（   ）。

A．是一个指向整型变量的指针

B．是一个指针数组名

C．是一个指针，它指向一个含有 4 个整型元素的一维数组

D．说明不合法

7-10 设有以下定义：

char *cc[2]={"1234","5678"};

则正确的叙述是（　　　）。

A．cc 数组的两个元素中各自存放了字符串"1234"和"5678"s 的首地址

B．cc 数组的两个元素分别存放的是含有 8 个字符的一维字符数组的首地址

C．cc 是指针变量，它指向含有两个数组元素的字符型一维数组

D．cc 数组元素的值分别是"1234"和"5678"s

7-11　语句 int(*ptr)();的含义是（　　　）。

A．ptr 是指一维数组的指针变量

B．ptr 是指向 int 型数据的指针变量

C．ptr 是指向函数的指针变量，该变量的值可以是一个返回一个 int 型数据的函数首地址

D．ptr 是一个函数名，该函数的返回值是指向 int 型数据的指针

7-12　若有函数 max(a,b)并且已使函数指针变量 p 指向 max，当调用该函数时正确的调用方法是（　　　）。

A．(*p)max(a,b)　　B．pmax(a,b)　　　C．(p)(a,b)　　　　D．（*p）(a,b)

第8章

自己设计数据类型

导引

数组的使用使得我们不必在程序中定义大量同类型的变量，而且能更好地体现现实中的问题需要。然而，面对要解决的许多现实问题，仅有基本数据类型和数组这种构造数据类型是远远不够的。现实中绝大多数要解决的问题里面有着大量数据，这些数据若用数组来存放无法反映数据与数据之间的关系。如对某班每个学生的信息进行处理过程中，A 学生的身高数据离不开 A 学生的姓名或学号，否则没有任何意义，因此这些数据需要被放在同一个信息单元中加以处理，此类问题只能借助另外一些构造类型了。C 语言为编程者提供了数组构造类型外，还有结构体类型、枚举类型和共用体类型。本章主要介绍结构体类型、枚举类型和共用体类型的定义和应用。

学习目标

◇ 掌握结构体类型的定义和使用、了解结构数组、结构链表的应用。
◇ 了解枚举类型和共用体类型的定义和使用。
◇ 了解 typedef 的使用。

8.1 结构体类型

8.1.1 定义结构体类型

前面介绍的数组可以描述一组类型相同的数据，而通过指针变量可以方便地访问指针所指的空间。但实际很多问题中的数据用基本类型、数组及指针都很难描述甚至是无法描述的。比如要求录入全班 20 位同学的《C 语言》、《计算机基础》和《英语》三门课程的成绩，再打印输出并统计每位同学的平均成绩。通过一个二维数组来存放 20 位同学的三门课程成绩，在程序员编制程序时需要时常记住该数组是怎样存放这些成绩的，数据比较游离且无结构性，给程序的阅读和修改都带来困难，C 语言提供的结构体类型可以方便地解决该问题。

结构体类型的定义格式如下。

格式 1：

struct 结构体类型名

```
{ 结构成员 1;
  结构成员 2;
  …
  结构成员 n;
  };
格式 2:
struct  结构体类型名
{ 结构成员 1;
  结构成员 2;
      …
  结构成员 n;
}结构体变量名;
格式 3:
struct
{ 结构成员 1;
  结构成员 2;
      …
  结构成员 n;
}结构体变量名;
```

说明：格式 1 只定义了结构体类型，格式 2 和格式 3 在定义了结构体类型的同时还定义了结构体变量。格式 3 定义匿名结构体类型，匿名结构体类型只能在定义时使用它来定义变量，在其他地方无法使用该结构。我们可以用格式 1 和格式 2 中定义的结构体类型名来定义变量、数组、指针等变量，就像基本数据类型名一样使用。"{"和"}"定义了结构体成员，结构体中的成员可以是各种类型变量，包括结构体类型本身。

```
例 1: struct date            /*定义 date 结构体类型*/
     {int year;              /*年*/
      int month;            /*月*/
      int day;              /*日*/
      };
例 2: struct student         /*定义 student 结构体类型*/
     {int age;              /*定义学生年龄*/
      char name[20];        /*定义学生姓名*/
      char *addr;           /*定义学生住址*/
     }stud;                 /*定义 student 结构体变量 stud*/
例 3: struct class           /*定义 class 结构体类型*/
     {int number;           /*班级人数*/
      char *major;          /*班级专业*
      struct                /*定义一个匿名结构体类型*/
       {  int year;         /*年*/
```

```
    int month;                    /*月*/
}day;                             /*定义班级入学年月结构体类型变量 day*/
};
```

有了上面 3 个结构体类型的定义，我们就可以定义各种结构体类型变量了。例如：

```
struct   date   d;              /*定义 struct   date 类型变量 d*/
struct   date *dp;              /*定义 struct   date 类型指针变量 dp*/
struct   student st[20];        /*定义 20 个 struct   student 类型数据的数组 st*/
struct   class *cl[100];        /*定义 100 个 struct   class 类型的指针元素的数组 cl*/
```

对于结构体类型变量，其中各成员在主存空间中的分布是依次按照定义成员时的顺序排列的。如上面定义的 date 结构体类型变量 d，其内存分布如图 8-1 所示。

我们可以通过取地址符"&"来获取结构体变量及其内部各成员的首地址，其中结构体类型变量的首地址同时还是第一个成员的首地址。如&d、&d.year、&d.month 和&d.day 将获取各成员的首地址。注意&d 的值与&d.year 相等，但指针类型不同。

图 8-1　变量 d
内存分布

8.1.2　访问结构体中的成员

定义好了结构体类型变量，接下来就是对其中的成员进行访问。对结构体变量中成员的访问主要有两种方式，一种是通过结构体变量名限定访问，另一种是通过结构体类型指针变量指向访问。

格式 1：结构体变量名. 成员名

格式 2：结构体类型指针变量名->成员名

或

　　　　（*结构体类型指针变量名）. 成员名

下面对 8.1.1 节定义的变量 d、dp、st 及 cl 进行赋值。

```
d.year=2011;
d.month=2;
d.day=11;
dp=(struct date*)malloc(sizeof(struct date));
dp->year=2011;
dp->month=2;
(*dp).day=10;
st[10]->age=20;
strcpy(st[10].name, "张三");
st[10].addr="江西南昌南京东路 999 号";
cl[0]=(struct class*)malloc(sizeof(struct class));        /*动态分配空间*/
cl[0] ->number=50;
cl[0] ->major= "计算机应用";
cl[0] ->day->year=2011;                                   /*入学年份*/
```

cl[0] ->day->month=9;　　　　　　　　　　　　　　/*入学月份*/

另外，结构体变量在定义时可以进行初始化。例如：

struct date dat={2011,2,11};

struct student stud={20, "李四," "江西南昌南京东路"}；

对于同类型的结构体变量，可以相互赋值。例如：

struct student stud1={19, "张三", "江西南昌南京东路"};

struct student stud2={20, "李四","江西南昌南京东路"};

struct date dat1;

stud1=stud2;　　　　　　/*结构体变量赋值*/

dat1=stud2;　　　　　　　/*错误，赋值运算左右两边操作数类型不一致*/

赋值过程就是将赋值运算符"="右边各成员值依次赋值到左边结构体变量中各成员空间中。

【例 8-1】 编写两个函数分别实现对一个学生相关数据的输入及实现对一个学生数据的显示输出。

问题分析：函数 InputStudData 实现学生数据的输入，其函数参数为 struct student 指针类型；OutputStudData 实现学生数据的输出，其函数参数为 struct student 类型。

例程 8-1 代码：

```c
#include <stdio.h>
#include <string.h>
#include <stdlib.h>
struct student                          /*定义学生结构体类型*/
{char name[20];                         /*定义学生姓名*/
int age;                                /*定义学生年龄*/
char *addr;                             /*定义学生住址*/
};
InputStudData(struct student *s)        /*输入学生结构体数据*/
{char addr[100];
  printf("请输入学生姓名:");
  scanf("%s",s->name);
  printf("请输入学生年龄:");
  scanf("%d",&s->age);
  printf("请输入学生家庭住址:");
  scanf("%s",addr);
  s->addr=(char*)malloc(strlen(addr)+1);
  strcpy(s->addr,addr);
}
OutputStudData(struct student s)/*输出学生结构数据*/
{printf("\n    姓名       年龄        家庭住址\n ");
  printf("%s      %d        %s\n",s.name,s.age,s.addr);
```

```
}
void main()
{struct student st;/*创建学生结构体变量*/
 InputStudData(&st);/*调用 InputStudData 完成学生数据输入*/
 OutputStudData(st);/*调用 OutputStudData 完成学生数据输出*/
 free(st->addr);
 }
```

运行结果如图 8-2 所示。

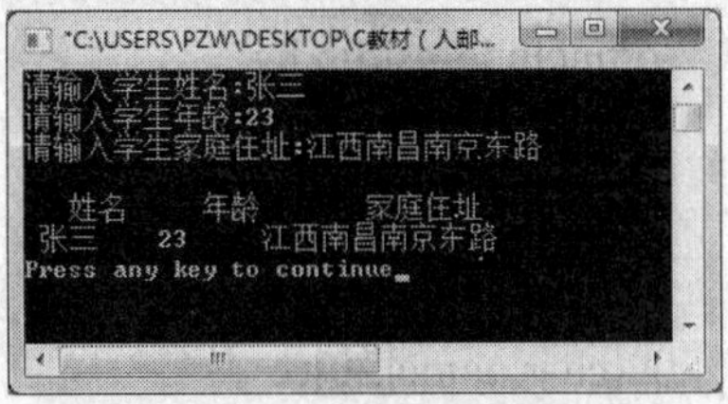

图 8-2　例 8-1 运行效果图

【注意】　例 8-1 在函数 InputStudData 中对结构体成员 addr 进行了空间分配，故在撤销结构体之前需要对该空间进行释放，因此有语句 "free(st->addr);"。

【实践】　将例 8-1 中的函数 InputStudData 参数作如下修改：

```
InputStudData(struct student  s)/*输入学生结构数据*/
{char addr[100];
 printf("请输入学生姓名:");
 scanf("%s",s.name);
 printf("请输入学生年龄:");
 scanf("%d",&s.age);
 printf("请输入学生家庭住址:");
 scanf("%s",addr);
 s.addr=(char*)malloc(strlen(addr)+1);
 strcpy(s.addr,addr);
}
```

上机测试修改后程序，观察程序结果的异常。

【思考】　InputStudData 函数中是否可以将语句

```
scanf("%s",addr);
 s.addr=(char*)malloc(strlen(addr)+1);
 strcpy(s.addr,addr);
```

修改为：scanf("%s",s.addr);？如果不能，为什么？

8.1.3　结构体数组

多个相关联的数据约束在一起可以看作是一个结构类型数据。在现实中这样的数据太多了，如每个人的私人数据信息、每个班级情况信息、每个学生的数据信息等，几乎所有的数据都不是孤立的，对于这些数据在程序中用适当的结构类型来描述可以增加程序的可读性。然而，在例 8-1 中仅仅是简单的使用到单个结构体变量，这样的程序在实际应用中几乎没有，因为一般程序中涉及到结构时往往是大量的结构体数据需要处理，这时就需要使用结构体数组或结构体链表了。

当一个问题中涉及到较多的同类型的结构数据，则在程序中可以用数组或链表来组织数据，本小节主要介绍结构体数组的使用。一般定义结构体数组格式：

结构体类型名 数组名[数组大小];

【例 8-2】 录入若干个学生的姓名和 C 语言课程的成绩，并列表打印输出每位学生姓名和成绩，最后输出全班的 C 语言平均成绩、最高分及最低分。

分析：每个学生的姓名和 C 语言成绩是相关联数据，应该约束在一起形成一个结构体数据，因为班级人数不固定，所以在程序中要动态分配内存空间来存储每个学生的姓名和 C 语言成绩。

```c
#include <stdio.h>
#include <stdlib.h>
#define NUM 50                              /*班级人数*/
struct student                              /*定义结构类型 student*/
{char name[20];                             /*姓名不超过 10 个汉字*/
 int   Cgrade;                              /*C 语言成绩*/
};
void main()
{struct student st[NUM];                    /*定义结构数组 st*/
 double ave=0.0;                            /*存放平均成绩*/
 int min=100,max=0;                         /*初始化变量 min 和 max*/
 int i;
 printf("请输入%d 个学生的姓名和成绩。\n",NUM);
 i=0;
 while(i<NUM)
 {printf("请输入姓名：");
  scanf("%s",st[i].name);        /*录入第 i 个学生的姓名*/
  printf("成绩：");
  scanf("%d",&st[i].Cgrade); /*录入第 i 个学生的成绩*/
  ave+=st[i].Cgrade;
  if(min>st[i].Cgrade)min=st[i].Cgrade;     /*记录下最低成绩*/
  if(max<st[i].Cgrade)max=st[i].Cgrade;     /*记录下最高成绩*/
  i++;
 }
 ave=ave/NUM;
 printf("\n\n\n 全班 C 语言成绩列表如下：\n\n");
 printf("     姓名            C 语言成绩      \n");
 i=0;
 while(i<NUM)
 { printf("      %s          %d\n",st[i].name,st[i].Cgrade);
     i++;
 }
 printf("\n\n 平均成绩为%f\n 最高分为%d\n 最低分为%d\n",ave,max,min);
}
```

　　例 8-2 中使用了一个学生结构体数组 st，这样把每个学生的相关数据组织在一起，从而使得每个数据更加有意义，并且使得程序更加易读易懂。

　　例 8-2 运行时所能处理的学生数量是被固定的，如果需要处理不同人数的班级，则每次都必须对代码进行修改，并且重新编译连接，很显然数组大小固定的方式造成了使用的不方便和效率的低下。因此对例 8-2 进行修改，使用动态分配结构体数组空间的方式来克服以上所说的缺陷。

　　【例 8-3】　请录入班级人数，再录入每个学生的姓名和 C 语言课程的成绩，并按成绩高低列表打印输出每位学生姓名和成绩，最后输出全班的 C 语言平均成绩、最高分及最低分。

　　分析：问题中的人数必须从键盘录入，因此结构数组大小无法确定，程序必须采取动态分配空间的方式分配多个结构体空间。另外，程序中定义结构体指针变量 st。

```
#include <stdio.h>
#include <stdlib.h>
struct student
{char name[20];        /*姓名不超过 10 个汉字*/
 int   Cgrade;         /*C 语言成绩*/
};
void main()
{struct student *st,temp; /*定义结构指针变量 st*/
 int num;                  /*班级人数*/
 double ave=0.0;           /*存放平均成绩*/
 int min=100,max=0;
 int i,j,k;
 printf("请输入班级人数：");
 scanf("%d",&num);
/*动态分配 num 个结构体变量空间*/
 st=(struct student*)malloc(num*sizeof(struct student));
 i=0;
 while(i<num)
 {printf("请输入第%位的姓名：",i+1);
  scanf("%s",st[i].name);                  /*录入第 i 个学生的姓名*/
  printf("成绩：");
  scanf("%d",&st[i].Cgrade);               /*录入第 i 个学生的成绩*/
  ave+=st[i].Cgrade;
  if(min>st[i].Cgrade)min=st[i].Cgrade;    /*记录下最低成绩*/
  if(max<st[i].Cgrade)max=st[i].Cgrade;    /*记录下最高成绩*/
  i++;
  }
 ave=ave/num;
```

```
    for(i=0;i<num-1;i++)        /*使用直接选择排序方法对 st 数组中各元素针对 Cgrade 成员进
                                  行排序*/
        {k=i;                   /*k 指出最大元素下标,初始认为第 i 个元素最大*/
        for(j=i+1;j<num;j++)
            if(st[k].Cgrade<st[j].Cgrade)k=j;  /*对 i 后面的元素依次与 k 元素比较,找出其中最
                                                  大值元素的下标,并保存在 k 中*/
            if(k!=i)            /*若最大值元素下标不与 i 相等,则交换两个结构的值*/
            {temp=st[k];                        /*交换两个结构体变量*/
            st[k]=st[i];
            st[i]=temp;
            }
    }
    printf("\n\n\n 全班 C 语言成绩从高分到低分排序如下:\n\n");
    printf("      姓名            C 语言成绩    \n");
    i=0;
    while(i<num)
    { printf("      %s          %d\n",st[i].name,st[i].Cgrade);
        i++;
    }
    printf("\n\n 平均成绩为%f\n 最高分为%d\n 最低分为%d\n",ave,max,min);
    free(st);                                   /*释放动态分配的空间*/
}
```

在例 8-3 中使用了直接选择排序方法对结构成员 Cgrade 进行排序。直接选择排序的基本思想是从待排序序列中选出最大元素,与第一个元素交换,若第一个元素就是最大值,则不交换,该过程称为第一次选择,保证第一个元素为所有元素最大值。第一个元素成为所有元素中的最大值后,对于剩下的其他元素采取同样的方法可以找出第二大元素,依此类推直到找出最小元素即完成排序。由此可见,若对 n 个元素进行直接选择排序,则选择次数应该是 n-1 次。

下面针对例 8-3 中的排序给出前三次直接选择的模拟过程。

下标   0   1   2   3   4   5   6
待排序列 Cgrade 值: 68   77   98   56   85   73   47
第一次选择:i=0;k=i;循环后 k=2;找出了最大值为第 2 个元素并与第 0 个元素交换。
下标   0   1   2   3   4   5   6
待排序列 Cgrade 值: [98] 77   **68** 56   85   73   47
第二次选择:i=1;k=1;循环后 k=4;找出了最大值为第 4 个元素,与第 1 个元素交换。
下标   0   1   2   3   4   5   6
待排序列 Cgrade 值: [98 **85**] 68   56   **77** 73   47
第三次选择:i=2;k=2;循环后 k=4;找出了最大值为第 4 个元素,与第 2 个元素交换。
下标   0   1   2   3   4   5   6

待排序列 Cgrade 值： [98　85　**77**]　56　**68**　　73　47

【注意】

（1）排序方法有很多，除了上面介绍的选择排序外，还有插入排序、交换排序等，每种排序方法各有优缺点。读者可以参考相关数据结构书籍。

（2）结构体指针变量的使用方法。

【实践】

（1）对例 8-2 中的学生信息增加其地址内容后再进行处理。

（2）对例 8-3 进行修改，使得成绩从低到高输出。请修改后上机测试验证。

【思考】　若将例 8-2 中的

```
                if(k!=i)
                   {temp=st[k];
                     st[k]=st[i];
                      st[i]=temp;
                     }
```

修改为

```
                temp=st[k];
                st[k]=st[i];
                st[i]=temp;
```

则修改后是否会影响程序结果，为什么？

8.1.4　结构体链表

在上一小节中的例 8-3 中，程序先要求输入学生数量，然后动态创建一个该数量大小的结构数组，最后操作处理该结构数组。但若人数未知或未定，那又该如何来创建固定大小的数组呢？显然，不管是静态创建还是动态创建，不知道数组大小是无法去创建数组的。

针对上述问题，C 提供了另一种数据结构即链表。链表有多种，本书只讨论用结构体实现单链表来解决简单问题。所谓单链表，就是由多个称之为结点的元素组成，除了第一个元素由表头指针指出以外，其他结点均由前一个结点指出其具体存储位置。单链表中每个结点由两部分组成，一部分存储用户数据，另一部分用来存储下一结点在主存的地址。单链表模型如图 8-3 所示。

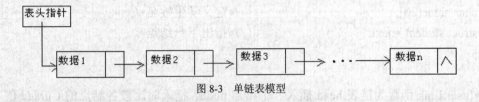

图 8-3　单链表模型

在 C 语言中可以用结构体类型来描述单链表中的结点，其结构体定义一般格式：

struct 结构体类型名

{

数据定义；

指向下一个结点的指针变量；

}

在定义单链表的结点类型时，允许在结构体内使用自身类型名来定义变量。

对例 8-3 中涉及到的结构类型 student 进行修改，添加一个指向下一结点的指针变量 next 的定义，指针变量的类型为该结构类型，即

```
struct student
{ char name[20];              /*姓名不超过 10 个汉字*/
 int   Cgrade;                /*C 语言成绩*/
struct student*next;          /*next 指向下一个结点，若下一结点没有，则 next 为空*/
};
```

单链表主要有插入结点、删除结点、遍历结点等操作，链表的操作主要体现在指针的指向赋值，使用时要求仔细，否则容易出错。为了方便链表的操作实现，一般使用一个头结点来代替头指针变量，即链表 head 指针变量指向的结点为头结点，其中的数据空间部分不用，只用指针部分用来指向链表中的第一个数据结点。

例 8-4 说明了如何用结构类型来组织一个链表的过程。

【例 8-4】 输入学生姓名和 C 语言成绩，输完后按高分到低分打印，之后统计所有学生平均成绩、最高分及最低分。

分析：在例 8-3 的问题中，可以先输入学生数量再创建相应大小的数组，本问题中要求一直输入数据，学生数量即数据个数不明确，无法创建数组，因此使用链表组织数据更合适。因为链表操作相对复杂，往往把链表的各种操作用单独的函数来描述，从而增加程序的可读性和结构性。例 8-4 中给出 InsertLink、PrintLink、CreateNullLink、DelLink 四个针对链表 head 的操作函数。其中 InsertLink 负责往 head 链表中插入一个结点，并保证链表中的结点域 Cgrade 是从大到小的，PrintLink 函数将链表 head 中的结点信息输出，CreateNullLink 用来创建一个带头结点的空链表，并返回链表头结点指针，DelLink 函数负责将链表中包括头结点在内的所有结点动态释放。

```
#include <stdlib.h>
#include <stdio.h>
struct student                        /*定义学生结构类型*/
{int Cgrade;                          /*定义 C 语言成绩*/
 char name[20];                       /*定义学生姓名*/
 struct student *next;                /*指出下一结点*/
};
```

/*InsertLink 函数为链表 head 插入一个结点 node，插入时比较各结点的 Cgrade 值，保证其值从大到小链接到链表中*/

```
void InsertLink(struct student *head,struct student*node)
{struct student*p, *q;
    p=head->next;q=head;                /*让 q 指向 q 的前一结点*/
```

```
    while(p&&p->Cgrade>node->Cgrade)      /*找出插入位置*/
{
    q=p;
    p=p->next;                               /*p 指向下一个结点*/
  }
                                            /*在 q 结点之后进行插入*/
  node->next=q->next;
  q->next=node;
  }
```

/*PrintLink 函数负责输出 head 链表中所有元素*/
```
void PrintLink(struct student*head)
{struct student*p=head->next;
    while(p)
    {
     printf("      %s          %d\n",p->name,p->Cgrade);
     p=p->next;
    }
}
```

/*DelLink 函数负责将 head 链表中所有结点删除掉*/
```
void DelLink(struct student*head)
{struct student*p, *q;
 p=head;
 while(p)
 {q=p;
  p=p->next;
  free(q);       /*释放 q 结点空间*/
 }
}
```

/*CreateNullLink 函数负责创建一个空链表并返回链表头结点指针*/
```
struct student*CreateNullLink()
{struct student*head=(struct student*)malloc(sizeof(struct student));
 head->next=0;                               /*空链表，头结点的 nexrt 域为空*/
 return head;
}
```

/*主函数 main*/

```
    void main()
    {struct student *head;                    /*定义结构指针变量 st*/
    char Yes;                                 /*是否继续录入，'Y'为继续，其他为结束输入*/
    struct student *node;
    double ave=0.0;                           /*存放平均成绩*/
    int min=100,max=0;
    int counter=0;                            /*统计学生数量*/
    head=CreateNullLink();                    /*创建空链表 head*/
    Yes='Y';
    while(Yes=='Y'||Yes=='y')
    {node=(struct student*)malloc(sizeof(struct student));
     printf("请输入姓名：");
     scanf("%s",node->name);                  /*录入第 i 个学生的姓名*/
     printf("成绩：");
     scanf("%d",&node->Cgrade);               /*录入第 i 个学生的成绩*/
     ave+=node->Cgrade;
     if(min>node->Cgrade)min=node->Cgrade;    /*记录下最低成绩*/
     if(max<node->Cgrade)max=node->Cgrade;    /*记录下最高成绩*/
     node->next=0;
     InsertLink(head,node);/*在链表 head 中插入结点 node*/
     getchar();
     printf("继续录入下一个（Y/N）：");
     scanf("%c",&Yes);
     counter++;
    }
    ave=ave/counter;
    printf("\n\n\n 全班 C 语言成绩列表如下：\n\n");
    printf("    姓名           C 语言成绩    \n");
    PrintLink(head);
    printf("\n\n 平均成绩为%f\n 最高分为%d\n 最低分为%d\n",ave,max,min);
    DelLink(head);/*清除链表中各个结点的空间*/
    }
```

【注意】　结构体链表组织的数据在内存中是离散的，也就是说其中各结点的首地址不连续，而数组中各元素的空间地址是连续的。结构链表中的结点只能动态分配，而数组空间可以是动态分配也可以静态分配。

【实践】　修改例 8-4 使得成绩信息输出时按照 C 语言成绩从低到高输出。

【思考】　通过对单链表的结点删除、插入等操作，导致单链表中结点的个数经常变化，如果需要获取单链表中结点的数量的话，一般需要对链表进行遍历，有什么好的办法获取链表结点数而又不需要遍历单链表吗？

图 8-4　例 8-4 运行效果图

8.2　枚　举

结构类型数据能让我们很好地去描述现实世界中的数据模型，但并不是所有的数据模型都能用结构类型去描述。有很多数据在现实中并不是用数值数据来描述，如每周的七天，从星期日到星期六，若直接用整型数据 0 到 6 来描述，则在源程序中可能会给程序阅读带来一定困难，因为程序员在阅读程序时，数值 0 到 6 到底是代表一个星期中的七天还是真正的数值呢，这需要再去自行判别，这显然给程序员带来了不少麻烦。为了解决该问题，C 语言使用了枚举类型数据。

8.2.1　枚举定义和访问

所谓枚举就是用符号列出一种数据模型中所有可能的取值，在 C 编译器中处理这些枚举符号时最终把它转换成相应的一个整型数值。如前面所说的每周七天这个数据模型，可以用。

enum WeekDay {Sunday,Monday,Tuesday,Wednesday,Thursday,Friday,Saturday}

来描述。C 编译器在编译这些枚举数据时将会把 Sunday 到 Saturday 依次转换为 0 到 6。

枚举类型的定义格式：

格式 1：enum 枚举类型名{枚举常量 1，…，枚举常量 n}；

格式 2：enum 枚举类型名{枚举常量 1，…，枚举常量 n}枚举变量；

格式 1 只定义枚举类型，格式 2 在定义枚举类型的同时还定义了枚举变量。在定义枚举类型过程中，若没有对枚举常量指定整型数，则编译系统自动依次为枚举常量赋予一个常量整数值，整数值从 0 开始，逐步递增 1 直到最后一个枚举常量。如枚举常量有 20 个，则第一个枚举常量的整数值对应为 0，最后一个枚举常量值对应为 19。

C 编译器允许在定义枚举常量的同时指定其对应的整数值。若第 i 个枚举常量指定的整数值为 k，而第 i+1 个枚举常量却没指定整数值，则第 i+1 个枚举常量对应的整数值为 k+1，以此类推，直到最后一个枚举常量。

例如：

enum Color {red,blue,orange=10,black,green=20,white }

则 red 的整数值为 0，blue 为 1，orange 为 10，black 为 11，green 为 20，white 为 21。

既然枚举常量实际上被处理为一个整型数，而枚举变量的取值就是枚举常量中的一个，也就是一个整型数，所以可以把一个整型数赋值给一个枚举变量。但是，这个整型数必须是在枚举变量的取值范围内，并且要求将整型数强制转换成该枚举类型数据。反过来，可以直接把枚举类型变量或常量赋值给一个整型变量，无需强制转换。

例如：

```
enum Color {red,blue,orange=10,black,green=20,white }
enum Color col=green;              /*定义枚举变量 col*/
int   i;
i=col;                            /*i 被赋值为 20,因为 col 的值为枚举常量 green*/
col=（enum Color）11;             /*col 被赋值为枚举常量 black*/
col=（enum Color）9;              /*错误，没有值为 9 的枚举常量*/
```

下面讨论对枚举类型的输入和输出的问题。枚举变量的输入和输出一般借助开关语句 switch 来实现。

8.2.2 有趣的商场摸奖问题

当代的商业高度发达，许多商场或卖家都开展过各种各样的促销活动，降价、打折、带奖销售活动。在生活中我们看到有很大一部分商家采取过消费后摸奖的促销方法。例 8-5 用程序的方式模拟了商场摸奖的过程。

【例 8-5】 口袋中放有红、绿、蓝、黄、白、黑 6 种颜色的球，每种颜色 4 个共 24 个球，每次从口袋中随意摸 4 个球，摸到 4 个同颜色的球为特等奖，3 个同颜色的球为一等奖，两种不同颜色各两个为二等奖；摸到 3 种颜色的球为三等奖，其他无奖。用程序模拟该摸奖过程。

分析：用枚举类型 ball 确定 6 种颜色球的起始编号，用数组 pocket 来装 6 种颜色的球，摸奖人摸的球放入数组 getball 中，用产生处于球标号范围的随机数方式来模拟摸奖人摸球，假定红球的起始编号是 1，如果产生的随机数处于 1 到 4 之间，则表示摸到红球，若绿色球起始编号为 5 的话，产生的随机数处于 5 到 8 之间表示摸到绿球了，每摸出一个球，则对应颜色球数减 1。程序中给出了 init、randint、Print、Bonus 函数，init 负责每次摸奖前初始化口袋，randint 负责产生一指定范围的随机数，Print 则负责把摸中的球打印输出，Bonus 实现兑奖。

```
#include <time.h>        /*该文件中包含了 time 函数的定义*/
#include <stdlib.h>      /*该文件中包含了 rand 函数的定义*/
#include <stdio.h>
/*用枚举类型定义 6 种颜色的球，指定各自的编号*/
enum ball{red=1,green=5,blue=9,yellow=13,white=17,black=21};
int pocket[6];         /*口袋数组*/
enum ball getball[4];  /*存放摸到的球*/
```

```
void init()
{int i;
 for(i=0;i<6;i++)pocket[i]=4;    /*初始化口袋，每种球有 4 个*/
}
/* randint 将产生一个处于 begin 到 end 之间的随机数*/
int randint(int begin,int end)
{   int t =time(0); /*获取当前系统的秒数*/
    srand((int)t);    /*将 t 作为随机数种子*/
    return ((int)((float)(end-begin) * rand())% (end-begin+1))+1; /*返回 begin 到 end 之间的
一个随机数*/
}
void Print()
{int i;
 printf("\n\n");
 for(i=0;i<4;i++)
   switch(getball[i])              /*打印输出所摸的球*/
     {case red:printf("红球  ");break;
      case green:printf("绿球  ");break;
      case blue:printf("蓝球  ");break;
      case yellow:printf("黄球  ");break;
      case white:printf("白球  ");break;
      case black:printf("黑球  ");break;
      default:;
     }
  printf("\n\n");
  }
void Bonus() /*实现兑奖*/
{int i, count[6]={0,0,0,0,0,0};
 int third=0;      /**/
 for(i=0;i<4;i++)   /*对摸到的球进行计数，每种颜色球数计入数组 count 中对应的元素中*/
   switch(getball[i])
     {case red:count[0]++;break;
      case green:count[1]++;break;
       case blue:count[2]++;break;
      case yellow:count[3]++;break;
      case white:count[4]++;break;
      case black:count[5]++;break;
      default:;
     }
```

```
        for(i=0;i<6;i++)
        {if(count[i]==4){printf("\n 恭喜您中特等奖了！\n");rcturn;}/*摸到 4 个不同颜色的球*/
         if(count[i]==3){printf("\n 恭喜您中一等奖了！\n");return;}/*摸到 3 个不同颜色的球*/
         if(count[i]==2)third++;              /*摸到 2 个同色球的情况，third 值最大为 2*/
        }
        switch(third)
        {case 2:printf("\n 恭喜您中二等奖了！\n");break;/*摸到两种不同颜色各 2 个球*/
         case 1:printf("\n 恭喜您中三等奖了！\n");break;/*摸到三种不同颜色，其中一种颜色为 2
个，其他各 1 个球*/
         case 0:printf("\n 请别灰心，下次一定中大奖！\n");break;/*摸到 4 种不同颜色各 1 个*/
         default:;
        }
        }
        void main()
        {int getrandball;
        char cont;
         int i;
        do{init();/*初始化口袋*/
         for(i=0;i<4;i++)
         {    printf("\n 请摸第%d 球，请按回车键开始",i+1);
              getchar();
              getrandball=randint(0,23);    /*摸球，即产生处于 0 到 23 之间的随机数*/
              /*下面的 if 语句判断摸到的球是什么球*/
              if((getrandball<red+pocket[0])&&(getrandball>=red))/*摸到红球*/
              {getball[i]=red;
              pocket[0]--;              /*红球少了一个*/
              printf("\n 摸到红球\n");
              }else
              if((getrandball<green+pocket[1])&&(getrandball>=green))/*摸到绿球*/
              {getball[i]=green;
              pocket[1]--;    /*绿球少了一个*/
              printf("\n 摸到 绿球\n");
              }else
               if((getrandball<blue+pocket[2])&&(getrandball>=blue))/*摸到蓝球*/
               {getball[i]=blue;
                pocket[2]--;    /*蓝球少了一个*/
                printf("\n 摸到 蓝球\n");
               }else
               if((getrandball<yellow+pocket[3])&&(getrandball>=yellow))/*摸到黄球*/
```

```
{getball[i]=yellow;
 pocket[3]--;      /*黄球少了一个*/
 printf("\n 摸到  黄球\n");
}else
if((getrandball<white+pocket[4])&&(getrandball>=white))/*摸到白球*/
{getball[i]=white;
 pocket[4]--;      /*白球少了一个*/
 printf("\n 摸到  白球\n");
 }else
if((getrandball<black+pocket[5])&&(getrandball>=black))/*摸到黑球*/
{getball[i]=black;
 pocket[5]--;        /*黑球少了一个*/
 printf("\n 摸到  黑球\n");
 }else
    {i--;} /*产生的随机数对应的球已经被摸走，重摸*/
}
Print();         /*输出所摸的球*/
Bonus();         /*兑奖*/
printf("\n 继续摸球吗（Y/N）: ");
scanf("%c",&cont);
}while(cont=='y'||cont=='Y');
}
```

运行结果如图 8-5 所示。

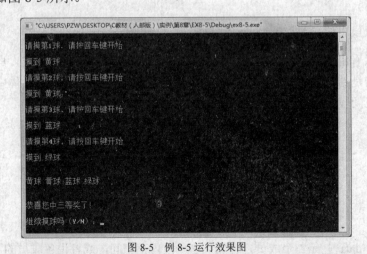

图 8-5　例 8-5 运行效果图

【注意】　枚举类型数据是用符号来代替一个整数，所以在输入输出时要进行转换，不可直接输入枚举常量。输出时要么直接输出其对应的编号，要么用 if 语句或 switch 语句输出相应的字符串。

【实践】　上机测试例 8-5，尝试修改程序使得能实现口袋有 7 种颜色每种 4 个球的摸奖情况。

【思考】　例 8-5 中用到了随机数函数 rand 和随机数种子函数 srand，通过获取系统时间（秒数）作为随机数种子，使得能模拟摸奖过程，若不用系统时间作为随机数种子，而是采用一个固定的常数，还能不能模拟摸奖过程？

8.3 共 用 体

现实中有些数据比较特殊，如要描述一个学校成员的相关信息，包括学校的老师和学生，要求对这两类人员的信息在同一个程序中进行处理。经分析可以发现学生和老师既有共性又有不同的特性，如他们都有姓名、年龄、性别信息等共性，不同点在于学生有成绩、学号等特性，老师则有工资、工号等特性。若用同一个结构类型来描述这两种学校成员，则结构中必然要包括学生和老师的共性和各自的特性，显然存在空间浪费的问题，因为如果该数据是描述一个学生的话，则描述老师特性的数据成员就没有用，反之则描述学生特性的成员无需使用。从这可以看出，如果可以让老师的特性和学生的特性用同一内存空间，则解决了以上浪费空间的问题。共用体就可以用来解决该类问题。

C 语言中共用体的定义格式：

> union　共用体名
> { 成员 1;
> 　成员 2;
> 　　…
> 　成员 n;
> } ;

从定义可以看出，共用体和结构体类似，它们都是由若干个成员组成，成员的访问方式也相同，不同的是结构体中的各成员在主存中占据不同的空间段，而共用体中各成员在主存中占据相同的空间段，或者说该内存段由共用体中的所有成员共享。

例如：

union　data
{int i;
　char ch;
　int a[10];
}dat;

共用体类型 data 中有 3 个成员，它们共享一段内存空间，或者说各成员的主存地址相同。很显然该段内存空间应该是有 10 个字节，从中也可看出共用体的空间大小取决于其中成员的数据空间大小的最大值。

对共用体成员的访问和结构是一样的，若是对共用体变量中的各成员进行若干次赋值，则后一次成员赋值将会覆盖前一次成员所赋的值。

例如：

```
union    data   s;
s.i=10;                    /*s 空间的值为 10*/
s.ch= 'A';                 /*s 空间的值为字符 'A'的 ASCII 码*/
s.a[0]=20;                 /*s 空间的值为 20*/
```

下面用结构体和共用体来描述前面提到的学校成员，为了简单起见，只描述学生的姓名、性别、成绩信息和老师的姓名、性别、工资信息。将学生和老师的共性作为结构体成员，而他们各自的特性使用一个共用体加以描述并作为结构体中的一个成员，为了区分该结构描述的是学生还是老师，向其中添加一个枚举成员 memtype。

```
enum datatype{student,teacher}
struct    member
 {char name[20];    /*姓名*/
  char sex;         /*性别*/
  union
{int    grade;    /*成绩*/
int    salary;   /*工资*/
}a;
enum datatype memtype; /*成员类型*/
};
```

用结构 member 定义变量：

```
struct    member   mem1,mem2;
```

对结构体变量 mem1、mem2 成员进行访问：

```
strcpy(mem1.name,"李瑛");            /*mem1 为学生信息*/
mem1.sex= 'w';
mem1.memtype= student;
mem1.a.grade=90;
strcpy(mem2.name,"彭正文");          /*mem2 为教师信息*/
mem1.sex='m';
mem1.memtype= teacher;
mem1.a.salary=3000;
```

在使用共用体时不能脱离共用体成员而单独使用共用体变量，共用体的操作只能针对其中的成员，并且定义时只能对成员中的一个初始化，初始化时必须将值用 "{}" 括起来。例如：

```
union exp
{ int i;
char ch;
float f;
};
union exp a=3.45; /*错误*/
```

union exp b={3.45}; /*正确，对其中的 f 成员初始化*/

union exp b={3.45，'A'}; /*错误，不能对多个成员初始化*/

a=100;　　　　　　/*错误*/

a='A';　　　　　　/*错误*/

共用体的使用通过例 8-6 来说明。

【例 8-6】 用结构描述学校中的成员（学生和老师），输入学生和老师的姓名、年龄、学生的成绩和老师的工资，然后打印输出。

```c
#include <stdio.h>
#define NUM    10
enum datatype{student,teacher};/*定义枚举类型标明成员类别*/
struct member
{char name[20];
 int age;
 enum datatype memtype;
 union
 {int grade;
 int salary;
 }dat;
};
void main()
{struct member mem[NUM];    /*定义结构数组*/
 int i;
 printf("请输入%d 个人的信息\n",NUM);
 for(i=0;i<NUM;i++)
 {printf("请输入姓名：");
  scanf("%s",mem[i].name);
  printf("请输入年龄：");
  scanf("%d",&mem[i].age);
  printf("请输入分类（学生输入 0，老师输入 1）：");
  scanf("%d",&mem[i].memtype);
  if(mem[i].memtype==student)
  {printf("请输入成绩：");
  scanf("%d",&mem[i].dat.grade);}
  else{printf("请输入工资：");
  scanf("%d",&mem[i].dat.salary);}
 }
 printf("\n\n 输入成员的信息如下：\n\n");
 printf("姓名    年龄    分类    成绩/工资\n\n");
 for(i=0;i<NUM;i++)
```

```
{printf("%s       %d        ",mem[i].name,mem[i].age);
  if(mem[i].memtype==teacher)
      printf("教师     %d\n\n",mem[i].dat.salary);
  else
      printf("学生       %d\n\n",mem[i].dat.grade);
}
```

运行结果如图 8-6 所示。

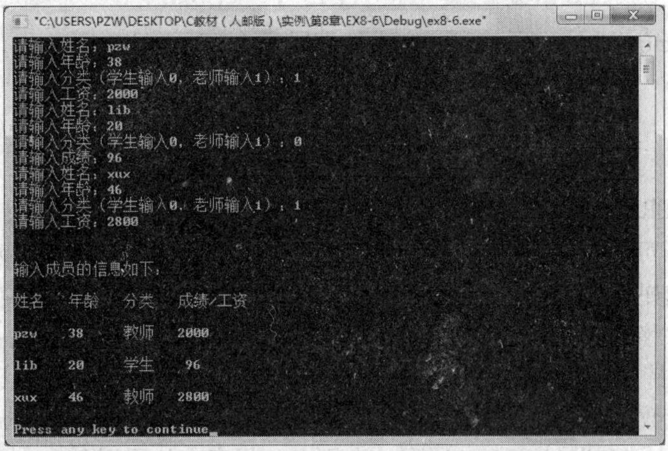

图 8-6　例 8-6 运行效果图

【实践】　上机测试例 8-6，并尝试修改。

【思考】　能否在两个同类型的共用体变量之间进行赋值？设计程序证明之。

8.4　为类型重命名——typedef

我们已经了解了 C 语言中的构造类型的定义和使用，用这些类型去定义变量时显得比较繁琐。譬如，若有结构体类型 student，则用 student 定义变量时必须加上关键字 struct，即

struct student st;

编译器将 struct student 看作一个不可分的整体，这样写表明 student 是一个结构体类型，但对于程序员来说，上面的写法可能经常会把关键字 struct 漏掉而引起不必要的编译错误。C 语言提供了类型定义 typedef 来解决该问题。

一般格式：

　　　　　　　　　　typedef 旧类型名　　新类型名；

该语句指定旧类型名的别名为新类型名。

一旦用 typedef 定义了新类型后，就可以用新类型来定义变量了。

例如：

typedef　int　　COUNT；
typedef　float　REAL；

```
typedef   int   A[100];
typedef struct student
  {char name [20];
    int age;
    int grade;
}STUDENT;
typedef   int (*FUNCPOINTER)(int,int); /*定义函数指针类型*/

COUNT    count;                /*定义计数器 count*/
REAL r;                        /*定义实数变量 r*/
A    a;                        /*定义一个由 100 整数组成的数组 a*/
STUDENT st;                    /*定义结构体变量 st*/
FUNCPOINTER fp;                /*定义函数指针变量 fp*/
```

从上面的例子可以看出，用 typedef 语句定义的新类型实际上就是其对应的旧类型的别名。它的主要用途如下

（1）方便软件移植

比如在某个支持 long double 的硬件平台上，用 C 语言开发应用软件，其中用到了许多 long double 类型的变量数据，而该软件还可能在其他不支持 long double 类型的硬件平台上运行，此时用软件中的 typedef 为 long double 取一个别名，程序中使用别名去定义变量。

typedef long double REAL;

当程序要求在不支持 long double 类型，而支持 double 类型的硬件平台上运行时，程序只需要修改该 typedef 语句即可。以上 typedef 语句修改为

typedef   double REAL;

由此可以看出，typedef 的使用提高了软件的移植性。

（2）使复杂类型的表示简单化。

在使用和定义 C 语言类型时经常会碰到一些类型，让人读起来晦涩难懂。如不使用 typedef 直接定义一个函数指针数组 a，则可能是如下写法：

int * (*a[5])(int, char*);/*定义一个包含 5 个元素的函数指针数组*/

很显然，该写法比较难懂。

使用 typedef 为该函数指针类型指定一个别名后，上面定义就直观多了，即

typedef int * (*pFun)(int, char*);   /* pFun 为一函数指针类型*/

pFun a[5];   /*定义一个 5 个元素的函数指针数组*/

8.5   自己解决综合测评问题

在学校新学年度的开学之初就要开始对上一个学年度每位同学的整体表现开展综合测评工作。综合测评的依据来源于学习成绩、工作、考勤等各方面，测试的结果是作为学生评先评优的主要参考依据。因此编写一个能实现简单综合测评的程序能帮助我们从繁琐的数据

计算中解脱出来。

本节在例 7-9 的基础上进行深入处理，同时使用结构体类型数据来处理学生和课程资料信息。

【例 8-7】用 C 语言设计一个菜单程序，使得能实现简单的学生成绩综合测评。系统要求如下

（1）主菜单界面如图 7-9 所示。

（2）主菜单中选 1 进入二级输入菜单，如图 8-7 所示。

（3）程序中允许用户输入课程数和课程名、学生数、学生姓名和各科成绩。

（4）输入课程信息时要求输入每门课程在综合测评成绩中所占的比重。

（5）允许程序清除数据重新录入。

问题分析：与例 7-9 不同的是本例中使用结

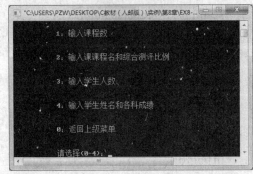

图 8-7　输入二级菜单效果图

构体数据类型，使得学生的相关数据信息不再是离散的了。COURSE 表示课程信息结构体类型，STUDENT 为学生信息结构体类型。程序定义了 InputCourseNum、InputCourseName、InputStudNum、InputStudGrade、ExcuteInputSel、DisplayMenu、DisplayInputMenu、DisplayData、ClearData、SortA、SortD、ExcuteMenu 等函数，各函数的功能请参照代码后的注释。

```c
#include <stdio.h>
#include <stdlib.h>
#include <string.h>
/*定义全局变量*/
typedef char* PCHAR;/*定义指针类型别名，方便定义二级指针变量*/
typedef struct
{PCHAR *coursename;/*课程名数组*/
    int *zongpingproportion;/*各课程占总评成绩比例*/
    int number;/*课程数*/
}COURSE;   /*定义课程结构体类型*/
int num;          /*学生数量*/
int flag[4]={0,0,0,0};/*输入标志*/
typedef struct
{
char name[20];        /*学生姓名*/
int *grade;        /*学生各科成绩*/
double zongping;/*总评成绩*/
}STUDENT; /*定义学生结构体类型*/
STUDENT*st;/*定义学生指针变量，指向一个结构数组空间*/
COURSE course;
void(*fun[6])();/*函数指针数组，存放选项功能函数地址*/
void(*inputfun[5])();/*函数指针数组存放选项功能函数地址*/
```

```c
void InputCourseNum()
{system("cls");   /*清除屏幕*/
 printf("请输入课程数量：");
 scanf("%d",&course.number);
 flag[0]=1;/*已经输入课程数量*/
}


void InputCourseName()
{int i;
 char cname[100];
 if(flag[0]){
system("cls");   /*清除屏幕*/
course.coursename=(PCHAR*)malloc(sizeof(PCHAR) *course.number);
course.zongpingproportion=(int*)malloc(sizeof(int) *course.number);
for(i=0;i<course.number;i++)
{printf("请输入第%d 门课程名：",i+1);
 scanf("%s",cname);
 course.coursename[i]=(PCHAR)malloc(sizeof(char) *strlen(cname)+1);
 strcpy(course.coursename[i],cname);
 printf("请输入第%d 门课程在综合测评中的百分比的(1--99)：",i+1);
 scanf("%d",&course.zongpingproportion[i]);

 }
flag[1]=1;/*已经输入课程信息*/
 }else
     printf("\n 请先输入课程数或学生数\n");

}


void InputStudNum()
{int i;
 system("cls");   /*清除屏幕*/
 printf("请输入学生数量：");
 scanf("%d",&num);
 st=(STUDENT*)malloc(num*sizeof(STUDENT));
 for(i=0;i<num;i++)
     { st[i].grade=(int*)malloc(course.number*sizeof(int));
     st[i].zongping=0.0;}
 flag[2]=1;/*已经输入学生数量*/
```

```
}

void InputStudGrade()/*输入学生信息函数*/
{int i,j;
 if(flag[2]){
system("cls");   /*清除屏幕*/
for(i=0;i<num;i++)
{printf("请输入第%d 个学生姓名：",i+1);
 scanf("%s",st[i].name);
 for(j=0;j<course.number;j++)
 {printf("请输入%s 的%s 成绩:",st[i].name,course.coursename[j]);
  scanf("%d",&st[i].grade[j]);
 }
 }
flag[3]=1;/*已经输入学生成绩信息*/
 }else
     printf("\n 请先输入课程数或学生数\n");
}
int clear=1;      /*数据清除标志，1 表示无数据，0 表示有数据*/


void ExcuteInputSel(int i)
{(*inputfun[i])();
}


void DisplayMenu()/*显示菜单*/
{ system("cls");   /*清除屏幕*/
  printf("\n1：输入数据");
  printf("\n2：对总评成绩进行升序排序");
  printf("\n3：对总评成绩进行降序排序");
  printf("\n4：数据清空");
  printf("\n5：显示数据");
  printf("\n0：退出");
  printf("\n 请选择(0-5)：");
}
void DisplayInputMenu()/*输入菜单显示*/
{
 system("cls");   /*清除屏幕*/
 printf("\n          1：输入课程数\n\n");
 printf("\n          2：输入课课程名和综合测评比例\n\n");
```

```
    printf("\n                     3：输入学生人数\n\n");
    printf("\n                     4：输入学生姓名和各科成绩\n\n");
    printf("\n                     0：返回上级菜单\n\n");
    printf("\n                     请选择(0-4)：");
}
void ComputeZP()/*计算总评成绩*/
{ int i,j;
  for(i=0;i<num;i++)
    for(j=0;j<course.number;j++)
      st[i].zongping=st[i].grade[j] *course.zongpingproportion[j]/100.0+st[i].zongping;
}
void InputData()/*完成输入数据功能*/
{int i,j=0;
do{
  DisplayInputMenu();/*显示输入菜单*/
  scanf("%d",&i);
  if((i<=4)&&(i>=1))ExcuteInputSel(i);

}while(i!=0);
  i=0;
  for(j=0;j<4;j++)
      if(flag[i])j++;
if(j==4)
      {clear=0;/*表示所有数据已经输入完毕*/
      ComputeZP();/*计算总评成绩*/
      }
}

void SortA() /*函数中采取冒泡排序法对 st 中元素进行升序排序*/
{STUDENT temp;
 int i,j;
 if(!clear)/*有数据则排序*/
 {
    for(i=0;i<num-1;i++)/*共 size-1 趟冒泡*/
        for(j=1;j<num-i;j++)      /*第 j 趟冒泡*/
        {if(st[j-1].zongping>st[j].zongping) /*条件成立则交换 st[j]和 st[j-1]的值*/
            { temp= st[j];
                st[j]=st[j-1];
                st[j-1]= temp;
```

```
                }
            }
        }
        else
        {printf("无数据或数据被清空！");getchar();}
}
void DisplayData()/**/
{int i,j;
if(!clear)/*有数据则显示*/
{
system("cls");   /*清除屏幕*/

printf("序号　姓　名　　　　");
for(i=0;i<course.number;i++)
 printf("%s(%d%%) ",course.coursename[i],course.zongpingproportion[i]);
printf("　　　总评\n");
for(i=0;i<num;i++)
{
 printf("%3d　　　%s　　　",i+1,st[i].name);
 for(j=0;j<course.number;j++)/*输出第 i 个学生的各门成绩*/
         printf("　%5d　　",st[i].grade[j]);
 printf("　　%5.3f \n",st[i].zongping);/*输出总评*/
}
printf("\n 注意：按回车键返回主菜单!");
getchar();/*显示数据，等待输入返回主菜单*/
flushall();/*清除输入缓冲区*/
}
else
{printf("无数据或数据被清空！");getchar();
}
}
void ClearData()/*清除数组中的所有数据并释放空间*/
{int i;
if(!clear)/*有数据则清除*/
{
 for(i=0;i<course.number;i++)/*释放课程空间所指空间*/
    free(course.coursename[i]);
 free(course.zongpingproportion);
 for(i=0;i<num;i++)
```

```
     free(st[i].grade);/*释放学生的 grade 所指空间*/
  free(st);/*释放 C_grade 空间*/
}
 clear=1;/*表示已经清空数据*/
for(i=0;i<4;i++)
 flag[i]=0;
}
void ExcuteMenu(int i)/*执行菜单*/
{if((i>=0)&&(i<=5))
    (*fun[i])();/*通过函数指针调用各功能函数*/
else
 printf("选项无效！ ");
}
void Exit()/*退出程序*/
{exit(1);
}
void InitFun()/*初始化函数指针数组*/
{fun[0]=Exit;
 fun[1]=InputData;/*输入数据*/
 fun[2]=SortA;/*升序排序功能*/
 fun[3]=SortD;/*降序排序功能*/
 fun[4]=ClearData;/*清除数据功能*/
 fun[5]=DisplayData;/*显示数据*/
 inputfun[1]=InputCourseNum;/*输入课程数量功能*/
 inputfun[2]=InputCourseName;/*输入课程信息功能*/
 inputfun[3]=InputStudNum;/*输入学生数量功能*/
 inputfun[4]=InputStudGrade;/*输入学生信息功能*/

}
void main()
{int sel;/*选项值*/
InitFun();/*初始化函数指针数组*/
while(1)/*死循环显示菜单*/
    {DisplayMenu();/*显示菜单*/
    scanf("%d",&sel);/*输入菜单选项*/
    flushall();/*输入清空缓存区*/
    ExcuteMenu(sel);/*执行菜单选项*/
    }
}
```

例 8-7 中要求输入数学、C 语言、德育 3 门课程的成绩，它们在总评中各占 40%、40%、20%。运行该例程，输入 4 个学生的这 3 门课程的成绩，经过降序排序后显示结果如图 8-8 所示。

图 8-8　例 8-7 运行效果图

【注意】　注意本例中结构体类型变量、typedef、函数指针数组的使用方法。

【实践】　上机对本例进行测试，修改程序使得输出结果能按指定科目进行排序，之后对程序进行调试和测试。

【思考】　例 8-7 的代码显然比较长，函数数量也比较多，如何提高阅读此类程序的速度？有何技巧？

小　结

本章主要介绍了结构体类型的使用、结构体类型的定义和使用，如何使用结构体类型去组织构造单链表数据结构。在现实中也能找到许多枚举类型的应用模型，如本章中用枚举类型解决了有趣的商场摸奖问题。而共用体类型数据的使用则可以在一定程度上节省系统的内存空间。用 typedef 为类型定义别名，能在多方面起到意想不到的效果。

习　题

8-1　已知学生记录描述为
```
struct student
{int no;
  char name[20];
  char sex;
  struct
  {int year;
  int month;
  int day;
  }
  birth;
};
struct student s;
```

若要设变量 s 中的"birth"为"1893"年、"9"月、"26"日，下列对"生日"的正确赋值方式是（　　　）。

A．year=1893; month=9; day=26;

B．birth.year=1893; birth.month=9; birth.day=26;

C．s.year=1893; s.month=9;s.day=26;

D．s.birth.year=1984;s.birth.month=9; s.birth.day=26;

8-2　当说明一个结构体变量时系统分配给它的内存是（　　　）。

A．各成员所需内存的总和　　　　　　　　B．结构中第一个成员所需的内存量

C．成员中占内存量最大者所需的容量　　　D．结构中最后一个成员所需的内存量

8-3　设有以下说明语句：

```
struct stu
{int a;float b;}stutype;
```

则以下叙述不正确的是（　　　）。

A．struct 是结构体类型的关键字　　　　　B．struct stu 是用户定义的结构体类型

C．stutype 是用户定义的结构体类型名　　D．a 和 b 都是结构体成员名

8-4　C 语言结构体类型变量在程序执行期间（　　　）。

A．所有成员一直驻留在内存中　　　　　　B．只有一个成员驻留在内存中

C．部分成员驻留在内存中　　　　　　　　D．没有成员驻留在内存中

8-5　若 int 在内存中占 2 个字节，则下面程序的运行结果是（　　　）。

```
main()
{struct date
{int year,month,day;
}today;
printf("%d\n",sizeof(struct date));
}
```

A．6　　　　　　　　B．8　　　　　　　　C．10　　　　　　　　D．12

8-6　根据下面的定义，能打印出字母 M 的语句是（　　　）。

```
struct person
{char name[9];
int age;
};
struct person class[10]={"John",17,"Paul",19,"Mary"18,"adam",16};
```

A．printf("%c\n",class[3].name);　　　　　B．printf("%c\n",class[3].name)[1]);

C．printf("%c\n",class[2].name)[1]);　　　D．printf("%c\n",class[2].name)[0]);

8-7　下面程序的运行结果是(　　　)。

```
#include <stdio.h>
main()
{struct cmplx{int x;
int y;} cnum[2]={1,3,2,7};
```

```
printf("%d\n",cnum[0].y/cnum[0].x*cnum[1].x);}
```
A. 0   B. 1   C. 3   D. 6

8-8 若有以下定义和语句:
```
struct student
{int age;
int num;
};
struct student stu[3]={{1001,20},{1002,19},{1003,21}};
main()
{struct student *p;
  p=stu;…
}
```
则以下不正确的引用是(   )。
A. (p++)->num   B. p++   C. .(*p).num   D. p=&stu.age

8-9 以下对 C 语言中共用体类型数据的叙述正确的是(   )。
A. 可以对共用体变量名直接赋值
B. 一个共用体变量中可以同时存放其所有成员
C. 一个共用体变量中不能同时存放其所有成员
D. 共用体类型定义中不能出现结构体类型的成员

8-10 若有以下定义语句:
```
union data
{int l; char c; float f;}a;
int n;
```
则以下语句正确的是(   )。
A. a=5;   B. a={2,'a',1,2};   C. printf("%d\n", a); D. n=a;

8-11 设有以下语句,则下面不正确的叙述是(   )。
```
union data
{int i; char c; float f;}un;
```
A. un 所占的内存长度等于成员 f 的长度
B. un 的地址和它的各成员地址都是同一地址
C. un 可以作为函数参数
D. 不能对 un 赋值,但可以在定义 un 时对它初始化

8-12 以下程序的运行结果是(   )。
```
#include <stdio.h>
main()
{union{long a;int b;char c;}m;
  printf("%d\n",sizeof(m));
}
```
A. 2   B. 4   C. 6   D. 8

8-13　下面对 typedef 的叙述中不正确的是（　　　）。

A. 用 typedef 可以定义各种类型名，但不能用来定义变量

B. 用 typedef 可以增加新类型

C. 用 typedef 只是将已存在的类型用一个新的标识符来代表

D. 使用 typedef 有利于程序的通用移值

8-14　若有类型定义：

enum Week{Mo=10;Tu=15; We,Tu;Fr; Sa=20;Su=30}

则枚举常量 Fr 的值是（　　　）。

A. 10　　　　　　　B. 18　　　　　　　C. 15　　　　　　　D. 20

第9章

与外设打交道

导引

前面几章程序的输入、输出操作都要求通过键盘输入数据，通过屏幕显示结果。输入数据结束或显示数据结束后如果要重新查看这些数据，必须再重新运行一次。这样不仅浪费时间，而且不便于对数据进行更多的操作。

显然，这样的程序实际上是不符合现实要求的。我们往往要求的是程序结果不仅要显示在显示器上，更要能够保存在磁盘、打印机等外围设备上。C 语言提供了一种特殊数据类型——文件，允许编程者使用"文件"类型来输入（读）和输出（写）数据，以方便数据的存储和使用。本章将介绍文件的结构以及读写操作的实现。

学习目标

◇　理解文件的概念。

◇　掌握文件打开函数和关闭函数的使用。

◇　掌握文件读写函数的使用。

◇　了解文件读写指针定位函数的使用。

9.1　读写磁盘

在前面章节的例子中对数据的输入输出都是针对标准输入设备和标准输出设备的读写操作。然而在实际的应用中，程序所需要的数据可能不是从键盘输入获得，而是从磁盘读取，程序的输出也不是只输出到显示器，而是可能输出到磁盘储存起来。可以看出对绝大多数程序而言，磁盘的读写操作就显得很频繁也很重要了。因为磁盘上所有信息的存储都是以文件形式储存的，因此对磁盘的读写实际上就是对文件的读写。

9.1.1　文件结构和文件指针

文件是指存储在外部介质（如磁盘）上的一组相关数据的有序集合。计算机的操作系统是以文件为单位对数据进行组织和管理的，每个文件以一个唯一的包含路径的文件名来进行标识，并通过这个文件名来完成对它的读/写操作。

在现今的计算机操作系统中对文件的读写有两种方式，一种为非缓冲型读写文件系统和缓冲型读写文件系统。前者也称为是二进制系统或类 UNIX 系统，它是指系统不自动在内存中预留出确定大小的缓冲区，而由所涉及的程序为每个文件开辟出缓冲区，这是 ANSI C 标准中不提倡使用的方式。后者缓冲型读写文件系统中系统会自动在内存中为每一个正在使用的文件开辟一个文件缓冲区，在内存与外部介质进行数据的传输操作（读文件和写文件）时，中间需要通过一个文件缓冲区，当这个缓冲区被填满时，数据才被传输出去（写入和读取），如图 9-1 所示。缓冲区的大小视具体使用的 C 版本而定，一般为 512 字节。

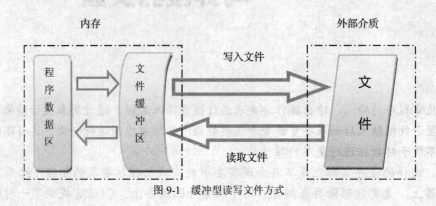

图 9-1　缓冲型读写文件方式

很显然采用缓冲型读写文件系统来对文件进行处理，本书只介绍缓冲型文件系统的读写方式。

C 语言中的文件是一个字符（或字节）数据的有序序列，所以也称为是流式文件。按数据表现形式的不同 ANSI C 标准将文件分为文本文件（字符数据流）和二进制文件（二进制数据流）。

文本文件中每个文本字符是以该字符的 ASCII 码或者是 Unicode 码（双字节码）存储在磁盘的某个字节或双字节中。如果文件内容转换成二进制信息存储在磁盘中，则在磁盘上形成二进制文件。对于非数值数据若要以二进制存储则必须先转换成相应的编码，再对编码采取二进制存储。这两种存放方式的相同点是读/写数据流的开始、结束的位置和时间都由程序来控制；不同点是前者的存取操作以字符为单位，便于对字符数据进行处理，但由于一个字符占一个字节，所以文本文件占用的存储空间较多，且此类文件被读入内存时需要一定的转换时间，C 语言源程序文件（*.c）、*.txt 等均属于文本文件。后者的存取操作以字节为单位，二进制文件可直接被读入内存，无需转换时间，存放结构紧凑，可节省存储空间，常见的文件*.obj、*.exe、*.bin 等均属于二进制文件。

从操作系统的角度看，每一个与主机相连的输入输出设备都可以看作是一个文件。键盘和显示屏都属于设备文件（标准文件），程序可以从这些设备文件中获取所需的数据信息。C 语言规定的标准文件有三个：标准输入文件 stdin（键盘）、标准输出文件 stdout（显示器）和标准出错信息输出文件 stderr。磁盘文件（一般文件）指储存在磁盘上的文件。在前一节中介绍了标准设备的输入输出操作（读写操作）。对其他设备的读写操作则统一归纳为对文件的读写操作。

为了更好地读写文件，C 语言定义了一个名为 FILE 的结构类型。在文件"stdio.h"中 FILE 定义如下：

```
typedef   struct   {
    short              level;              / *缓冲区"满"或"空"的程度* /
    unsigned           flags;              / *文件状态标志* /
    char               fd;                 / *文件描述符* /
    unsigned char      hold;               / *如无缓冲区不读取字符标志* /
    short              bsize;              / *缓冲区的大小* /
    unsigned char      *buffer;            / *数据缓冲区的位置* /
    unsigned char      *curp;              / *当前的指向指针* /
    unsigned           istemp;             / *临时文件指示符* /
    short              token;              / *用于有效性检查* /
}   FILE;
```

如果要对某个文件操作，必须存在一个 FILE 结构类型的变量，该结构变量的内容对应着相应的文件读写信息。一般不允许程序自己定义 FILE 变量，而是先定义一个 FILE 类型指针变量，再通过系统提供的函数（如 fopen 函数）来获取某文件的 FILE 结构变量指针，将该指针赋给文件指针变量，之后所有对文件的操作转化为对该文件指针的操作。

文件指针变量定义格式如下：

FILE　*指针变量名 1 [，*指针变量名 2，…]；

例如：

FILE　*fp;　　　　　　/*定义一个文件类型指针变量 fp */

fp=fopen("C:\a.txt"，"r");/*打开文件获取一个文件指针，赋值给文件指针变量 fp*/

9.1.2　文件操作步骤

按照操作系统中文件系统的要求，对一个文件进行操作必须分三步。

（1）打开文件或创建文件。

（2）对文件进行读、写操作。

（3）关闭文件。

打开或创建文件的实质是在内存为文件创建一个缓冲区，将文件内容读入缓冲区，同时在内存中创建一个 FILE 结构，并按照具体情况填充该结构。在结构中初始化文件的读写位置指针。读写位置指针是一个文件被打开后由系统定义用来标识文件读写位置的指针，它存在于 FILE 类型的变量中。

打开或创建文件完成后，程序对文件的缓冲区内容按照文件读写位置指针进行读写，根据对文件访问（读/写）形式的不同可将文件分为顺序访问文件和随机访问文件两种。在顺序访问文件中，读写位置指针总是按照字节的顺序由前往后顺序移动，不能随意跳转到文件某个指定位置进行读取/写入操作。在随机访问文件中，读写位置指针可以根据需要进行调整，自由地跳转到文件某个位置进行读取/写入操作。

当对一个文件的读写操作结束后，必须进行关闭文件操作。关闭文件操作的功能主要是把文件缓冲区内的数据写回到磁盘相应位置上，撤销 File 结构。很显然，一个文件操作完毕后未经关闭而直接退出程序的后果就是文件可能未被更新。

9.1.3 文件常见操作

针对上面文件的操作步骤，ANSI C 中提供了一组规范的流式文件操作函数来实现以上所述操作过程，使用该组函数之前必须嵌入"stdio.h"文件。表 9-1 给出了常用流式文件操作函数。

表 9-1 常用文件操作函数

函 数 名	功 能
fopen	打开流式文件
fclose	关闭流式文件
fcloseall	关闭所有打开的流式文件
fputc	写一个字符到流式文件中
fgetc	从流式文件中读一个字符
fseek	在流式文件中定位到指定的字符
fputs	写字符串到流式文件
putw	写一个字到流式文件
fgets	从流式文件中读一行或指定个字符
getw	从流式文件中读一个字
fprintf	按格式输出到流式文件
fgetpos	获取当前的文件指针
fflush	清除文件缓冲区，文件以写方式打开时将缓冲区内容写入文件
fscanf	从流式文件中按格式读取
feof	到达流式文件尾时返回真值
flushall	清除所有缓冲区
ftell	返回当前文件指针
fsetpos	定位流上的文件指针
ferror	发生错误时返回真值
freopen	替换一个流，即重新分配文件指针，实现重定向
rewind	复位文件定位器到流式文件开始处
remove	删除流式文件
fread	从流式文件中读指定个数的字符
fwrite	向流式文件中写指定个数的字符
tmpfile	生成一个临时流式文件
tmpnam	生成一个唯一的流式文件名

1. fopen 函数

文件在进行读/写操作之前需要被打开，C 中通过 fopen（参数）函数完成打开文件的操作。

fopen 函数原型：FILE　　*fopen(char *path, char *mode)

该函数的作用是按指定的 mode 方式打开由 path 指定的文件。参数 path 是指向文件名字符串的指针变量，使用函数时此处的内容是由双引号括起来的包含文件路径和文件名（含扩展名）的一个字符串；参数 mode 是指向文件打开后处理方式字符串的指针变量，使用函数时此处也是一个字符串，具体处理方式见表 9-2。如果打开函数成功，则返回一个文件指针为该文件的后续操作所用，否则返回一个空指针。

表 9-2　　　　　　　　　　　　　　　　　打开文件的处理方式

mode 值	文件使用方式说明	mode 值	文件使用方式说明
"r"	以只读方式打开一个文本文件	"rb"	以只读方式打开一个二进制文件
"w"	以只写方式一个文本文件	"wb"	以只写方式打开一个二进制文件
"a"	向文本文件的尾部追加数据	"ab"	向二进制文件的尾部追加数据
"r+"	为读/写打开一个文本文件	"rb+"	为读/写打开一个二进制文件
"w+"	为读/写建立一个新的文本文件	"wb+"	为读/写建立一个新的二进制文件
"a+"	为读/写打开一个文本文件	"ab+"	为读/写打开一个二进制文件

需要注意的是：

（1）以"r、"rb"、"r+"、"rb+"方式打开一个并不存在的文件时，fopen 函数返回 NULL 值。

（2）以"w"、"wb"方式打开某个文件时，如果该文件不存在，则此操作相当于建立

一个指定文件名的新文件；如果该文件存在，则在打开时会将它删除，再新建一个该文件名的文件，相当于覆盖原文件。

（3）以"w+"、"wb+"方式打开某个文件时，一般该指定文件不存在，则此操作也相当于建立一个指定文件名的新文件，然后向此文件写数据，再可以读取数据。

（4）以"a+"、"ab+"方式打开某个文件时，可向文件尾部追加数据（写操作），也可以读取文件。

例如

FILE *fp1，*fp2;

fp1=fopen ("file1.txt"，" r"); /*以只读的形式打开当前目录下的 file1.txt 文件*/

fp2=fopen ("d:\\fileexp\\file2.txt"，"w"); /*以只写的形式打开在 d:\fileexp\目录下的 file2.txt 文件。*/

文件成功打开，则该函数返回一个指向被打开文件的指针，此时可以将它赋值给一个文件类型指针变量，再通过使用这个文件指针变量就可以对文件进行读/写操作了。

例如：

FILE　　*fp;

fp = fopen ("file1.txt"，" r");

当遇到某些情况时会使得文件不能成功打开，则该函数返回 NULL 值（即空地址）。这些情况包括：用"r"、"rb"、"r+"、"rb+"方式打开一个并不存在的文件、文件路径或文件名书写有误、磁盘读写时发生错误、新建文件时，磁盘的剩余空间不足以创建新的文件等。

因此，在实际程序设计中可以根据这个函数的返回值来判断是否已经成功打开文件。常用如下程序段来完成操作：

```
#include "stdio.h"
…
F ILE      *fp;
fp = fopen ("file1.txt", " r");
if( fp==NULL)              /*如果不能成功打开文件的处理方法*/
{
    printf("Can not open this file! ");
    exit(0);    /*退出当前执行的程序*/
}
/*如果能够成功打开文件，则执行以下语句    */
…
```

2．flcose 函数

一般文件在进行读/写操作后需要被关闭，fclose（参数）函数完成关闭文件的操作。使用这个函数可以将尚未装满的文件缓冲区里的数据强制写回文件后再关闭该文件，避免了文件数据的丢失，另外也可以及时释放系统资源。

flcose 函数原型：int   fclose(FILE *fp)

该函数的作用是关闭 fp 所指向的文件。如果正常关闭文件，则该函数返回值为 0；如果文件关闭时出现错误，则返回值为 EOF（值为-1）。

3．文件的读写与其他操作函数

根据对文件的读/写形式不同可将文件分为顺序访问文件和随机访问文件两种。以读方式或写方式（如 r、rb 或 w、wb）打开文本文件和二进制文件时，读写位置指针自动指向文件的开头；以追加方式（如 a、ab）打开文件时，读写位置指针自动指向文件的结尾处。

以顺序方式访问文件时，读写位置指针总是由前往后顺序移动，每次处理完当前字符后指针自动向后移动一个位置。随机访问文件时可以通过 fseek、fsetpos 函数来设定文件读写位置指针，而通过 ftell、fgetpos 能获取当前的文件读写位置指针。ftell 和 fseek 用长整型表示文件内的偏移（位置），因此，偏移量被限制在 21 亿（$2^{31}-1$）以内。而 fgetpos 和 fsetpos 函数使用了一个特殊的类型定义 fpos_t 来表示偏移量。另外文件"stdio.h"中定义了 3 个常量：

```
#define SEEK_CUR           1
#define SEEK_END           2
#define SEEK_SET           0
```

其中 SEEK_CUR 表示从文件当前读写位置指针开始计算位移量，SEEK_SET 表示从文件开头开始计算位移量，SEEK_END 表示从文件的尾部开始计算位移量，例如：

fseek(fp, 100, SEEK_SET);/*将文件读写位置指针移动第 100 个字节位置*/

fseek(fp, 100, SEEK_ CUR);/*若当前文件读写位置指针为 x，则将文件读写位置指针移
动到第 x + 100 个字节位置*/

fseek(fp,-1, SEEK_ END);/*若当前文件长度为 x，则将文件读写位置指针移动到第 x-1 个
字节位置*/

（1）字符读写函数。

① fgetc 函数。

函数原型：int　　　fgetc(FILE *fp)

该函数的作用是从 fp 所指向的文件中读取一个字符。参数 fp 为文件类型指针变量。
若读取成功，则返回读取的字符代码（ASCII 码对应的整型值），否则返回 EOF。

因此，循环使用该函数可以将文件的数据一一读取，直至文件结束。

例如：

…

```
c = fgetc(fp);  /*将一个文本文件顺序读入字符并在屏幕上显示出来 */
while (c!=EOF)   /* 是否读到结束符*/
{
    putchar(c);   /*显示器上显示 c 对应的字符 */
c = fgetc(fp);
}
```

…

② fputc 函数。

函数原型：int　　　fputc(int c, FILE *fp)

该函数的作用是将 c 对应的字符写入 fp 所指向的文件中。参数 c 是整型（或字符型）变
量（或常量），参数 fp 为文件类型指针变量。如果成功写入 c 对应的字符，则函数返回该字符
的 ASCII 值，否则将返回 EOF。

下面两个例程用以说明前面介绍的几个函数的用法。

【例 9-1】 打开一个已经存在的文本文件，按字符顺序读取其中数据，并将其复制到另
一个文本文件中去。

```
#include <stdio.h>
#include <stdlib.h>
main()
{
    FILE *fin, *fout;        /*定义两个文件类型指针变量*/
    int c;
    fin = fopen( "ex9-1.c" , "r");   /* 打开当前目录下的文件 ex9-1.c */
    fout= fopen("c:\\file2.txt", "w");   /* 以 w 只写方式打开 d:\fileexp\目录下的 file2.txt 文件*/
    if(fin==NULL)                /*是否成功打开 ex9-1.c 文件*/
    {
        printf( "Can not open the input file!\n");
        exit(0);
```

```
    }
    if(fout==NULL)                        /*是否成功打开 file2.txt 文件*/
    {
        printf( "Can not open the output file!\n");
        exit(0);
    }
    while ( (c=fgetc(fin)) !=EOF)          /* 是否结束*/
        fputc( c,fout );                   /* 把 c 写入 fout 所指的文件中*/
    fclose(fin);                           /* 关闭文件 */
    fclose(fout);                          /* 关闭文件 */
}
```

【注意】 判断读取文件结束的条件可以是 fgetc 函数值为 EOF，或 feof 函数值为非 0（真）。

【实践】 如果 "c:\" 目录下的 file2.txt 文件已经存在或尚未建立，请上机实践并观察它们的运行结果。

【思考】 什么情况下会出现 fin 值为 NULL？

（2）字符串读写函数。

① gets 函数。

函数原型：char　　　 *fgets(char *s, int n, FILE *fp)

该函数的作用是顺序读取 fp 所指向的文件中的一个字符串，并把它放到 s 所指向的字符数组里。参数 s 是用来存放读取出来的字符串的字符数组名或字符指针变量。参数 n 为限定读取的字符个数，实际上从文件 fp 的当前读写位置开始，最多读出 n-1 个字符（其中包括换行符和文件结束符 EOF），然后将字符串结束标志'0'也复制到 s 结尾处。参数 fp 为文件类型指针变量。正常读取后，该函数返回值为 s 的首地址；如果出错，则返回 NULL。

正常读取字符串结束的标志包括：已经读取 n-1 个字符或读取到换行符或文件结束符 EOF。

② fputs 函数。

函数原型：int　　　 fputs(char *s, FILE *fp)

该函数的作用是将 s 对应的字符串写入 fp 所指向的文件中，字符串结束符'\0'不输出。其中的参数 s 是字符串常量、字符数组名或字符型指针变量。参数 fp 为文件类型指针变量。

如果能在文件的当前读写位置成功写入 s 对应的字符串，则函数返回最后一个字符的 ASCII 值，否则将返回 EOF。

由于写入时不包括字符串结束符，所以循环使用该函数而写入的字符串会连续保存在文件中，建议使用如下方法将各个字符串分隔开，方便今后对数据的使用。

…

```
fputs( s, fp );
fputc('\n', fp);   /* 文件读取一个字符串后，将一个换行符放在它之后 */
```

…

【例 9-2】 字符串读写函数的使用。

```
#include <stdio.h>
#include <stdlib.h>
```

```
main()
{
    FILE *fp;
    char out[3][10]={"apple","banana","lemon"}, in[3][10]; /*定义两个二维字符数组*/
    int i;

    if( (fp=fopen("fruit.txt","w+")) ==NULL ) /* 以读/写方式打开 fruit.txt 文件 */
    {
        printf( "Can not open the file!\n");
        exit(0);
    }

    for(i=0; i<3; i++) /* 循环把 out 数组的字符串和换行符写入 fp 所指文件中 */
    {
        fputs(out[i] , fp);
        fputc('\n', fp);
    }
rewind(fp);    /* 使用 rewind( )函数使读写指针返回文件开头 */
    for(i=0; i<3; i++)    /* 循环把 fp 所指文件中的字符串读取到 in 数组中 */
        if( fgets(in[i], 10, fp) !=NULL)
            puts(in[i]);    /*显示 in 数组中的字符串 */

    fclose(fp);
}
```

　　【注意】　if((fp=fopen("fruit.txt","w+")) = =NULL){…}语句中，if 后的表达式里面的括号不能遗漏。

　　【实践】　如果去掉 fputc('\n', fp);语句或者把它改为 fputc('空格', fp);，这样会对程序运行结果有何影响？请上机测试以验证你的想法。

　　【思考】　如果在读取数据前不使用 rewind 函数，运行后会显示什么结果？请上机进行测试。

　　（3）格式化读写函数。

　　① fscanf 函数。

　　函数原型：int　　　　fscanf(FILE *fp, char *format, …)

　　该函数的作用是按指定的格式读取 fp 所指向的文件中的若干数据，然后把数据依次存入指定的存储单元。参数 fp 为文件类型指针变量。参数 format 通常为"输入格式字符串，输入项地址表列"。各输入项之间用逗号分隔。该函数返回值为所读取的数据个数，如果遇到文件结束符时，返回 EOF 值。

　　fscanf 和 scanf 的区别：前者是从文件中读取数据，后者是从键盘读取数据。

　　② fprintf 函数。

函数原型：int　　　　fprintf(FILE *fp, char *format, …)

该函数的作用是按指定的格式将若干数据写入 fp 所指向的文件中。参数 fp 为文件类型指针变量。参数 format 通常为"输出格式字符串，输出项表列"。各输出项之间用逗号分隔。该函数正常写入数据后返回写入数据的个数，如果出错，则返回 EOF 值。

fprintf 和 printf 的区别：前者是向文件写入数据，后者是向显示屏输出数据。

例如：

…

int　　i=5;

float　　f=10.2;

fprintf(fp, " %d%f", i, f);

…

/*如果希望读取刚才存入文件的 i 和 f 的值，则需要使用 rewind(fp); 使读写指针返回文件开头*/

rewind(fp);

fscanf(fp, "%d%f", &i, &f);

…

（4）二进制文件的读写。

① fread 函数。

函数原型：int　　　　fread(void *ptr, unsigned size, unsigned n, FILE *fp)

该函数的作用是从 fp 所指向的文件中读取一个数据块，并将其放到内存中。

其中参数 ptr 为指针变量，用于指向数据块要存放的内存区域的首地址，参数 size 为每次读取的字节数，参数 n 为读操作的次数，参数 fp 为文件类型指针变量。函数正常调用后返回值为参数 n 的值，如果发生错误，则返回值为 0。

例如：

fread(ptr,2,5,fp); /* 它表示此函数从 fp 所指向的文件的当前读写位置起读取 5 次数据，每次读取的数据量为 2 个字节，并将它们存放到 ptr 所指的内存中。*/

② fwrite 函数。

函数原型：int　　　　fwrite(void *ptr, unsigned size, unsigned n, FILE *fp)

该函数的作用是将 ptr 所指向的内存中的数据写入到 fp 所指向的文件中。参数 ptr 为指针变量，它指向某个内存区域的首地址，参数 size 为要每次写入的字节数，参数 n 表示写操作的次数，参数 fp 为文件类型指针变量。函数正常调用返回值为 n 的值，如果发生错误时，则返回值为 0。

【例 9-3】 要求输入 5 位同学的《C 语言》、《计算机基础》、《英语》三门课程的成绩，统计其平均成绩后再输出，并将这些信息保存在 stui.bin 文件中。

```
#include <stdio.h>
#include <stdlib.h>
main()
{
    struct stu   /* 定义结构体类型变量 stui 和 stuo*/
    {
```

```
        char num[6];
        float sc[3], ave;
    }stui, stuo;
    FILE *fstui;
    int i;

    if( (fstui=fopen("stui.bin","wb+")) ==NULL )    /* 打开文件 */
    {
        printf( "Can not open the file!\n");
        exit(0);
    }


    printf("请输入每个学生的 3 门课程的成绩：如：209009 60 70 80\n");
    printf("*******************\n");
    for(i=0; i<5; i++)
    {
      scanf("%s%f%f%f", stui.num, &stui.sc[0], &stui.sc[1], &stui.sc[2]); /*读取从键盘输入的
                                                    学号和三门课程成绩数据*/
      stui.ave= (stui.sc[0]+stui.sc[1]+stui.sc[2])/3;   /* 求平均值 */
      fwrite( &stui, sizeof(struct stu), 1, fstui);   /* 将数据写入文件 */
    }


    rewind(fstui);   /* 文件读写指针返回文件头 */
    printf("*******************\n 输出结果:\n");
    printf("num\ts1\ts2\ts3\tave\n");
    for(i=0; i<5; i++)
    {
      if( fread( &stuo, sizeof(struct stu), 1, fstui)!=NULL ) /* 读取 fstui 所指文件中的数据*/
         printf("%s\t%.1f\t%.1f\t%.1f\t%.1f\n",stuo.num,stuo.sc[0], stuo.sc[1],stuo.sc[2],stuo.ave);
                                                     /*显示这些数据 */

    }
    fclose(fstui);
}
```
运行结果如图 9-2 所示。

【注意】 运算符 sizeof（数据类型名），它用以返回某种数据类型在当前计算机中所占的字节数。

【实践】 在 rewind(fstui);语句之前添加两条语句:

```
printf("sizeof float=%d ,sizeof struct stu=%d \n", sizeof(float),   sizeof(struct stu)   );
printf("The RW pointer is %d Bytes away from the head of this file\n", ftell(fstui)   );
```

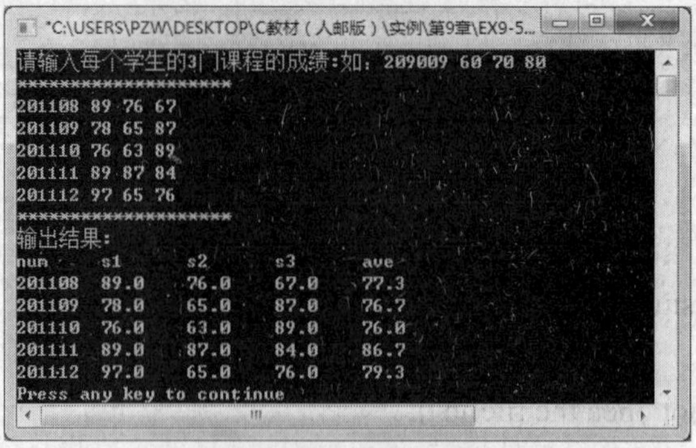

图 9-2　例 9-3 运行效果图

输出结果为什么是

sizeof float=4 ,sizeof struct stu=22

The RW pointer is 110 Bytes away from the head of this file

【思考】　（1）如果在输入学生信息时，输入 6 名学生的数据，会显示什么结果？

（2）rewind(fstui)与 fseek(fstui,0,0)两个函数调用的效果是否一致？请上机进行测试。

【例9-4】　读取例 9-3 创建的文件 stui.bin，编程实现输入学生学号，在显示屏上输出该学生信息数据的要求。

```
#include <stdio.h>
#include <stdlib.h>
#include <string.h>
main()
{    struct stu
  { char num[6];
     float sc[3], ave;
  }stui;
  FILE *fstui;
  int i, flag=1; /* flag 用以标识是否找到该学生的信息，初值为 1，表示未找到*/
  char ss[7]; /* 定义存放被查询学生学号的字符串 */
  if( (fstui=fopen("stui.bin","rb")) ==NULL )   /* 以只读方式打开例程 9-3 创建的文件 */
  {   printf( "Can not open the input file!\n");
     exit(0);
  }
  printf("输入要查询的学生学号:");
  scanf("%s",ss );   /* 读取从键盘输入的所要查询的学生学号 */
  printf("输出该学生信息:\n");
  printf("num\ts1\ts2\ts3\tave\n");
  for(i=0; i<5; i++)
    if( fread( &stui, sizeof(struct stu), 1, fstui)!=0)
```

　　　if(strcmp(ss,stui.num)==0)　　/*如果找到学号匹配的学生，在显示屏中输出其信息*/
　　　　{printf("%s\t%.1f\t%.1f\t%.1f\t%.1f\n",stui.num,stui.sc[0],stui.sc[1],stui.sc[2],stui.ave);
　　　　　flag=0; break;　　　　　　　/* 找到后，退出循环 */
　　　　　}
　　　if(flag) printf(" Enter wrong stu number .\n"); /* 否则，输出 Enter wrong stu number */
　　　fclose(fstui); /* 关闭文件 */
　}
　运行结果如图 9-3 所示。

【注意】　strcmp（str1，str2），当两个字符串相等时，它的函数值为 0。

图 9-3　例 9-4 效果图

【实践】　输入一个错误的学生学号，查看输出结果。

【思考】　如果没有语句 break; 对程序的运行有何影响？

（5）字读写函数。

① getw 函数。

函数原型：　　　int　　　getw(FILE *fp)

该函数的功能是从 fp 所指向的文件中读取一个字（word）。其中参数 fp 为文件类型指针变量。该函数正常返回值为所读取的二进制整数，如果发生错误，则返回值为 EOF。

② putw 函数。

函数原型：　　　int　　　putw(int w, FILE *fp)

该函数的功能是将一个 int 型数据写入到 fp 所指向的文件中去。其中参数 w 是要写入的数据，参数 fp 为文件类型指针变量。该函数正常返回值为写入的整数 w，如果发生错误，则返回值为 EOF。

例如：

…

int i ;

i= getw(fp);

…

putw(5,fp);

…

（6）其他函数。

在随机访问文件中，读/写完一个字符（字节）数据后，可能要求跳转到文件指定位置进行读取/写入操作。C 语言提供了一些函数完成移动文件读写位置指针的操作。

① rewind 函数。

函数原型：void　　　rewind(FILE *fp)

该函数的作用是将 fp 所指向的文件的读/写位置指针重新指向文件的开头。参数 fp 为文件类型指针变量。该函数无返回值。

② fseek 函数。

函数原型：int　　　fseek(FILE *fp,　long offset,　int begin)

该函数的作用是把 fp 所指向的文件的读写位置指针调整到距离起始点 begin 位移量为 offset 的位置处。如果移动成功则返回 0 值，否则返回非 0 值。

参数 offset 表示的是读写位置指针向文件尾部移动的字节数。一般要求为 long 型，所以此参数值结尾要加上 1（或 L）。

参数 begin 有三种取值，这三个值分别对应 SEEK_SET、SEEK_CUR 和 SEEK_END。

fseek 函数一般用于二进制文件，因为文本文件要进行字符的转换，往往无法准确计算位移量。

例如：

fseek(fp,100L,SEEK_SET); /*将读写位置指针移动到离 fp 所指文件的文件头 100 个字节的位置*/

fseek(fp,50L,1); /*将读写位置指针移动到离 fp 所指文件的当前位置 50 个字节的位置*/

fseek(fp,-50L,2); /*将读写位置指针移动到离 fp 所指文件的末尾前 50 个字节的位置*/

③ ftell 函数。

函数原型：long   ftell(FILE *fp)

该函数的作用是取得流式文件当前的读写位置，它用相对于文件开头的位移量来表示。其中的参数 fp 为文件类型指针变量。正常返回值为读写指针所在当前位置距文件头的位移量，返回值为-1L 时表示出错。

例如：

…

i = ftell(fp);

if(i==-1L)   printf("No current position\n");   /*取得当前读写位置出错时，输出 No current position */

…

④ feof 函数。

函数原型：int   feof(FILE *fp)

该函数的作用是判断文件是否结束。参数 fp 为文件类型指针变量。如果读写指针到了文件的末尾处，则该函数返回非 0 值（真），否则返回 0 值（假）。

文件以 EOF 符号（-1 值）结束，这可成为判断文本文件结束与否的方法，因为组成文本文件的 ASCII 码不可能为-1 值。但对于二进制文件来说就不实用了，-1 值可能是数据，所以建议使用 feof 函数来判断文本文件是否结束。

⑤ ferror 函数。

函数原型：int   ferror(FILE *fp)

该函数的作用是检查对 fp 所指文件进行读写函数的调用是否出错。参数 fp 为文件类型指针变量。该函数返回 0 值（假），表示读写函数调用未出错；否则返回非 0 值（真），表示读写函数调用出错。如有必要，在调用一个读写函数后应立即检查 ferror 函数的值，否则信息会丢失。

例如：

…

ch=fgetc(fp); /* 对 fp 所指文件调用 fgetc 函数 */

if(ferror(fp)) printf("Error in I/O.\n");   /* 如果错误，则输出 Error in I/O*/

…

⑥ clearerr 函数。

函数原型：void 　　　 clearerr（FILE *fp）

该函数的作用是重新设置文件出错标志，使文件错误标志置为 0（即无错误）和文件结束标志置为 0（即文件读写指针未到文件结尾处）。只要文件操作出现错误标志，该标志会一直保留直到对这个文件调用 clearerr 函数或 rewind 函数，或任何其他一个读写函数。参数 fp 为文件类型指针变量。该函数无返回值。

9.2　亲密接触文件

在第 8 章的综合测评问题中，我们发现程序的遗憾之处在于我们的成绩排名结果只能在显示器上显示，如果要永久保存，或者打印出来，则需要将输出结果保存到文件上。

【例 9-5】　请完善例 8-7 中的综合测评问题，使得程序运行结果可以保存到磁盘，同时数据也可以从磁盘读取出来。

例 9-5 部分代码（其余请参照例 8-7 代码）：

```
void DisplayMenu()/*显示菜单*/
{ system("cls");  /*清除屏幕*/
  printf("\n1：输入数据");
  printf("\n2：对总评成绩进行升序排序");
  printf("\n3：对总评成绩进行降序排序");
  printf("\n4：数据清空");
  printf("\n5：显示数据");
  printf("\n6：从文件读取数据");
  printf("\n7：保存数据到文件");
  printf("\n0：退出");
  printf("\n 请选择(0-5): ");
}
void ReadData()/*从文件读数据*/
{char filename[80];
 int i;
 FILE *fp;
 printf("请输入文件名（包括路径和扩展名）: \n");
 scanf("%s",filename);
 if((fp=fopen(filename,"rb"))!=0)/*打开文件*/
 {ClearData();/*清空原有数据*/
  fread(&num,sizeof(num),1,fp);/*读入学生人数*/
  fread(&course.number,sizeof(course.number),1,fp);/*读入课程数量*/
  course.coursename=(PCHAR*)malloc(sizeof(PCHAR)*course.number);/*分配课程名二级
指针空间*/
```

```c
      course.zongpingproportion=(int*)malloc(sizeof(int)*course.number);/*分配课程总评比重
空间*/
    for(i=0;i<course.number;i++)/*分配课程名空间*/
    {course.coursename[i]=(char*)malloc(50);
     memset(course.coursename[i],0,50);/*空间清 0*/
    }
      for(i=0;i<course.number;i++)/*读课程信息*/
      {fread(course.coursename[i],sizeof(course.coursename[i]),1,fp);
       fread(&course.zongpingproportion[i],sizeof(course.zongpingproportion[i]),1,fp);
      }
       st=(STUDENT*)malloc(num*sizeof(STUDENT));/*分配学生信息空间*/
       for(i=0;i<num;i++)
         st[i].grade=(int*)malloc(course.number*sizeof(int));/*分配成绩空间*/
    for(i=0;i<num;i++)/*读学生信息*/
      {fread(st[i].name,sizeof(st[i].name),1,fp);
       fread(st[i].grade,sizeof(int),course.number,fp);
       fread(&st[i].zongping,sizeof(double),1,fp);
    }

    fclose(fp);/*关闭文件*/

    clear=0;/*有数据了*/
    }
    else
        printf("文件%s 不存在！\n",filename);
}
void SaveData()/*保存数据到文件*/
{char filename[80];
 FILE *fp;
 int i;
 printf("请输入文件名（包括路径和扩展名）如“c:\\a.txt”: \n");
 gets(filename);
 if((fp=fopen(filename,"wb"))!=0)/*打开文件*/
 {
  fwrite(&num,sizeof(num),1,fp);/*保存学生数量信息*/
  fwrite(&course.number,sizeof(course.number),1,fp);/*保存课程信息*/
  for(i=0;i<course.number;i++)/*保存每门课程的名字，占总评的比例*/
  {fwrite(course.coursename[i],sizeof(course.coursename[i]),1,fp);
   fwrite(&course.zongpingproportion[i],sizeof(course.zongpingproportion[i]),1,fp);
```

```
        }
    for(i=0;i<num;i++)/*保存每个学生的名字、各门课程成绩和总评成绩*/
    {fwrite(st[i].name,sizeof(st[i].name),1,fp);
      fwrite(st[i].grade,sizeof(int),course.number,fp);
        fwrite(&st[i].zongping,sizeof(double),1,fp);
    }
      fclose(fp);/*关闭文件*/
    }
    else
        printf("无法创建文件！\n",filename);
}
void InitFun()/*初始化函数指针数组*/
{fun[0]=Exit;/*退出程序*/
  fun[1]=InputData;/*输入数据*/
  fun[2]=SortA;/*升序排序功能*/
  fun[3]=SortD;/*降序排序功能*/
  fun[4]=ClearData;/*清除数据功能*/
  fun[5]=DisplayData;/*显示数据*/
  fun[6]=ReadData;     /*从文件读取数据*/
  fun[7]=SaveData;     /* 保存数据到文件*/
  inputfun[1]=InputCourseNum; /*输入课程数量功能*/
  inputfun[2]=InputCourseName;/*输入课程信息功能*/
  inputfun[3]=InputStudNum;     /*输入学生数量功能*/
  inputfun[4]=InputStudGrade; /*输入学生信息功能*/
}
void main()
{int sel;/*选项值*/
InitFun();/*初始化函数指针数组*/
while(1)/*死循环显示菜单*/
      {DisplayMenu();/*显示菜单*/
      scanf("%d",&sel);/*输入菜单选项*/
      flushall();/*输入清空缓存区*/
      ExcuteMenu(sel);/*执行菜单选项*/
      }
}
```

【注意】

（1）例 9-5 代码的函数 ReadData 中读课程信息和学生信息数据的顺序必须与函数 SaveData 中写的顺序一致。

（2）输入文件名时其中的'\'必须是用转义字符'\\'表示。

【实践】

（1）测试例 9-5。

（2）若保存文件时是以二进制文件保存的，能否用文本文件方法打开，修改代码并测试。

【思考】 对于例 9-5 中的三条语句：

```
fwrite(st[i].name,sizeof(st[i].name),1,fp);
    fwrite(st[i].grade,sizeof(int),course.number,fp);
    fwrite(&st[i].zongping,sizeof(double),1,fp);
```

能否用

```
    fwrite(st[i],sizeof(st[i]),1,fp);
```
一条语句代替？为什么？

小　结

本章主要介绍了 C 语言如何处理外围设备的基本操作。其中包括了基本输入输出设备（键盘、显示器）的处理、磁盘设备的输入输出操作。磁盘设备的输入输出是绝大部分程序中必不可少的操作，主要文件操作可以归纳为读文件和写文件操作。对文件的读写必须按照打开文件、读或写文件、关闭文件操作的顺序来完成，文件的读写过程可能涉及到文件的读写位置指针的操作。对于所有的与文件有关的操作，C 语言都提供了一组相应的函数来完成，在标准 C 的 "stdio.h" 文件中定义了所有对文件的操作函数。

习　题

9-1　简述 C 语言程序设计中对文件的分类。

9-2　描述 C 语言程序设计对一般文件的基本处理过程。

9-3　简述常用的文件顺序读写函数。

9-4　常用的文件读写指针的定位函数包括哪些？它们的作用是什么？

9-5　函数表达式 fseek（fp，−50L，2）的作用是_____。

A．将文件的指针移动到距离文件头 50 个字节处

B．将文件的指针从当前位置向后移动 50 个字节

C．将文件的指针从当前位置向前移动 50 个字节

D．将文件的指针从文件末尾向前移动 50 个字节

9-6　函数 rewind 的作用是_____。

A．将文件的指针移动到文件头　　　　　B．将文件的指针移动到指定的位置

C．将文件的指针移动到文件的末尾　　　D．将文件的指针移动到下一字符处

9-7　要求输入 30 位同学的学号、三门课程 C 语言、计算机基础、英语的成绩，将这些信息和各个学生的三门课程的总分信息保存在 student.bin 文件中。

9-8　读取 student.bin 文件，按总分进行排序，然后将排序后的信息保存到 stusort.bin 文件中。

9-9　读取 stusort.bin 文件，输出前第 10 名同学的学号以及三门课程的成绩和总分。

第 10 章

C 的编译系统

导引

在前面章节中详细介绍了 C 语言源程序的基本语法。我们知道，源程序并不能直接在 CPU 上执行，它们只是纯粹的文本信息，只有按照一定的方法将这些文本信息转换成二进制机器指令后才可以被 CPU 介绍，这个就是编译系统的工作。

学习目标

◇　理解 C 语言源程序的编译过程。

◇　掌握宏定义和宏的使用。

◇　理解文件包含的作用。

◇　了解条件编译的好处。

10.1　C 语言源程序的旅程

C 语言的编译器有很多，包括 TC 2.0、TC 3.0、VC、BC、GCC 等，不管是哪一种编译器，其编译原理是基本相同的，大致可以用图 10-1 来描述。

从图 10-1 可以看出，编译程序读取源程序（文本信息），首先对源程序进行词法和语法的分析，将高级语言指令转换为功能等效的汇编代码，再由汇编程序转换为目标代码，并且按照操作系统对可执行文件格式的要求链接生成可执行程序（如 Windows 下的.exe 格式）。

按照编译器的一般处理过程，编译器的编译可以分为下面几个阶段：

（1）预编译处理阶段；

（2）编译、优化程序阶段；

（3）汇编程序阶段；

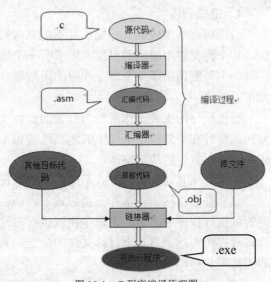

图 10-1　C 程序编译原理图

（4）链接程序（.exe、.elf、.axf 等）阶段。

1．预编译处理阶段

读取 C 源程序，对其中的伪指令（以#开头的指令）和特殊符号进行处理。伪指令主要包括以下四个种类。

（1）宏定义指令，如#define、#undef 等。

（2）条件编译指令，如#ifdef、#ifndef、#else、#elif、#endif 等。

（3）头文件包含指令，如#include。

（4）特殊符号，预编译程序可以识别一些特殊的符号。

2．编译、优化阶段

经过预处理阶段得到的输出文件中，只有常量、数字、字符串、变量的定义，以及 C 语言的关键字，如 main、if、else、for、while 等。

编译程序所要做的工作就是通过词法分析和语法分析，在确认所有的指令都符合语法规则之后，将其翻译成等价的中间代码表示或汇编代码。

优化处理是编译系统中一项比较艰深的技术。它涉及的问题不仅同编译技术本身有关，而且同机器的硬件环境也有很大的关系。一种优化方式是针对中间代码的，这种优化不依赖于具体的计算机。而另一种优化则主要针对目标代码。

3．汇编过程

汇编过程实际上指把汇编语言代码翻译成目标机器指令的过程。对于被编译系统处理的每一个 C 语言源程序，都将最终经过这一处理而生成相应的目标文件。目标文件中所存放的就是与源程序等效目标的机器语言代码。

目标文件由段组成。通常一个目标文件中至少有两个段。

（1）代码段。该段中所包含的主要是程序的指令。该段一般是可读和可执行的，但一般不可写。

（2）数据段。主要存放程序中要用到的各种全局变量或静态的数据。一般数据段都是可读可写，也可执行的。

4．链接程序

由汇编程序生成的目标文件并不能立即被执行，其中可能还有许多没有解决的问题。例如，某个源文件中的函数可能引用了另一个源文件中定义的某个符号（如变量或者函数等），在程序中可能调用了某个库文件中的函数等。所有的这些问题都需要经过链接程序的处理方能得以解决。

链接程序的主要工作就是将有关的目标文件彼此相连接，就是将在一个文件中引用的符号同该符号在另外一个文件中的定义连接起来，使得所有的这些目标文件成为一个能够被操作系统装入执行的统一整体。

根据程序装载函数的方式不同，链接处理可分为两种：静态链接和动态链接。

（1）静态链接。在这种链接方式下，函数的代码将从其所在地静态链接库中被拷贝到最终的可执行程序中。这样该程序在被执行时这些代码将被装入到该进程的虚拟地址空间中。静态链接库实际上是一个目标文件的集合，其中的每个文件含有库中的一个或者一组相关函数的代码。

（2）动态链接。在这种链接方式下，被调用函数的代码存放在某个动态链接库文件或共享对象中，该文件或共享对象被常驻主存，程序调用该函数时只需要获取该函数在主存的内存地址即可，不需要另外装载，同样多个程序想共享该函数也是如此。因此动态链接方式在一定的情况下节省了内存空间。

由于 C 语言的编译系统是个很复杂的系统，其编译过程包括的细节很多，本章主要介绍预处理阶段的一些与程序员有关的基本知识。

10.2　宏

宏定义分为两种：常量宏定义和带参宏定义。使用了宏定义的源程序在正式编译之前，要进行宏替换，将源程序中出现的所有宏名都用后面定义的字符串进行替换。

10.2.1　常量宏

常量宏定义的一般格式：

#define　宏名　　常量

其中常量就是指宏所代表的那个值。这种形式往往用来定义常量，所以又称为常量宏。使用常量宏的好处是便于修改常量的值。

【例 10-1】　输入一个圆的半径，输出圆的周长和面积。

例 10-1 代码 1：

```
#include "stdio.h"
int main(void)
{
double r,s,c;                  /*定义三个单精度变量 r、s、c*/
printf("请输入半径:\n");        /*输出提示信息*/
scanf("%lf",&r) ;              /*输入变量 r 的值*/
c=2*3.1415926*r;              /*计算 c 的值*/
s=3.1415926*r*r;             /*计算 s 的值*/
printf("c=%lf,s=%lf\n",c,s);  /*输出 c、s 的值*/
return 0;
}
```

例 10-1 代码 2：

```
#include "stdio.h"
#define PI  3.1415926          /*用宏定义定义符号常量 PI*/
int main(void)
{
double r,s,c;                  /*定义三个单精度变量 r、s、c*/
printf("请输入半径:\n");        /*输出提示信息*/
scanf("%lf",&r) ;              /*输入变量 r 的值*/
printf("c=%lf,s=%lf\n",c,s);  /*输出 c、s 的值*/
```

```
    return 0;
  }
```

代码 2 在经过编译器的预处理阶段处理后，其中的所有宏将会被替换成相应的常量。即，代码 2 中的语句"c=2*PI*r;"和"s=PI*r*r;"在预处理阶段将会替换为"c=2* 3.1415926*r;"和"s=3.1415926*r*r;"。显然，经过替换后代码 1 和代码 2 的程序效果是完全一样的。虽然如此，如果例 10-1 要求修改程序，使得圆周率 PI 的精度只精确到小数点后 2 位的话，代码 2 明显要比代码 1 要便于修改，因为代码 2 只需要修改宏定义一处，而代码 1 却要修改多处，而且需要对从头至尾一一查找。这就体现了使用常量宏的优势。

【注意】

（1）在一个源程序中，如果一个常量经常要被引用，可以用常量宏来定义。

（2）常量宏可以嵌套定义。例如：

```
#define N 9
#define M 2+N
```

（3）常量宏是一条预处理命令，不是一条语句，因此后面不能加分号。

（4）为了和变量名相区别，符号常量名习惯用大写字符来命名。

【实践】 修改例程中 PI 的值，测试例程的结果，观察结果的变化。

【思考】 分析以下程序的运行结果。

```
#include "stdio.h"
#define N   9
#define M   2+N
int main(void)
{
  int a;
  a=2*M;
  printf("%d\n",a);
  return 0;
}
```

【例 10-2】 常量宏的使用。

```
#include "stdio.h"
#define PI   3.14      /*定义宏 PI*/
#define R   3          /*定义宏 R*/
#define C   2*PI*R     /*定义宏 C*/
#define S   PI*R*R     /*定义宏 S*/
void main(void)
  {
  printf("C=%f,S=%f",C,S);
  }
```

【注意】

宏定义可以嵌套。如该例中宏 C 中出现了宏 R 和宏 PI。在进行宏替换时，要注意替换的次序，层层替换，从外到里。如该例中，先替换程序中出现的 C，再依次替换 R 和 PI。

【实践】　用 F10 或 F11 键调试该程序，观察其执行过程。

【思考】　该例程的宏展开是如何进行的？

10.2.2　带参宏和函数

带参数的宏定义的一般格式：

#define　宏名(参数列表)　宏体

其中，参数列表由一个或多个参数构成，以逗号分开，没有数据类型符；宏体由参数、运算符以及已经定义的宏组成，表示宏替换的内容。

定义了带参宏后，就可以在代码中使用它了。使用带参宏与函数调用类似，称为宏调用，所有宏调用都会在预处理阶段进行宏替换（宏扩展），其替换过程是：用宏调用中的每个实参替换宏定义体中相应的形式参数，之后用替换后的宏体去替换宏调用语句，替换过程中若实参为表达式，则不需要计算表达式的值，而是直接用表达式替换相应的形式参数。

【例 10-3】　带参宏定义的使用。

```
#include "stdio.h"
#define PI 3.14              /*定义宏 PI*/
#define C(r)    2*PI*r        /*定义带参宏 C,r 是形参*/
#define S(r)    PI*r*r        /*定义带参宏 S,r 是形参*/
int main(void)
{
double r;
printf("请输入圆的半径:\n");
scanf("%lf",&r);
printf("C=%lf,S=%lf",C(r),S(r));    /* 带参宏 C(r)和 S(r)的使用,r 是实参*/
}
```

例 10-3 的代码中语句 "printf("C=%lf,S=%lf",C(r),S(r));" 在预处理阶段被替换为 "printf("C=%lf,S=%lf",2*3.14*r,3.14*r*r);"。

很显然，在定义和使用上带参宏和函数调用似乎是一回事。实质上是有着本质区别的。

（1）带参宏定义不是 C 语句，函数定义是 C 语句块集合。

（2）带参宏的形式参数不需要指出类型，而函数参数必须指出参数类型。

（3）带参宏的宏调用是在预处理阶段进行替换完成，其过程不进入编译阶段，更不会进入运行阶段，而函数调用是在程序运行过程中完成的。

（4）宏调用在被预处理之后，宏已经不存在了，而函数调用在编译阶段将会安排额外的指令来完成函数的调用过程（参数入栈、出栈、跳转和返回指令等）。

（5）宏替换时实参不做任何处理，直接替换宏体中相应的形参，而函数调用在编译阶段将会被先计算实际参数的值（实际参数可能为表达式），之后检查实际参数的类型，若与相应的形式参数类型不一致，在编译阶段将会报错，编译就不会通过。

（6）因为宏调用是在预处理阶段被宏体替换掉，因此不存在返回值的问题，而函数调用则可能存在返回值的问题。

（7）同一个带参宏在程序中进行宏调用将使程序代码增加，而同一个函数在程序中多次调用只会增加几条入栈、出栈、跳转和返回指令。

通过对带参宏和函数的比较，可以看出带参宏和函数的使用各有优缺点。一般情况下，如果程序中有个功能简单、代码短小且在程序中使用不多的功能块，则此时可以用宏或带参宏来实现。否则应该考虑使用函数。

【注意】

（1）带参宏定义中，宏名和形参表之间不能有空格出现。

（2）在带参宏定义中，形式参数不必作类型定义。

（3）在宏定义中的形参是标识符，而宏调用中的实参可以是常量、变量或表达式。

（4）在宏定义中，宏体中的每个形式参数往往都用括号括起来，以免宏展开时出错。

（5）宏定义也可用来定义多个语句，例如：

#define SSSV(s1,s2,s3,v)   s1=l*w;s2=l*h;s3=w*h;v=w*l*h

在宏调用时，把这些语句又置换到源程序内。

【实践】 模仿例 10-3，定义两个带参数的宏，分别实现求球体的体积和表面积。

【思考】 如果在一个源程序中定义了符号常量，想在使用完后终止该宏定义的使用，怎么办？

这时可以使用#undef 命令。

#undef 命令格式如下：

#undef 符号常量名称（或编译标志）

功能：取消最近一次#define 符号常量名称（或编译标志）命令，使定义的符号常量或编译标志失去作用。

【例 10-4】 #undef 的用法。

```c
#include "stdio.h"
#define   S1   "123456"
 int main(void)
    { /*定义宏 S1*/
    printf("%s\n",S1);          /*使用宏 S1*/
    #undef   S1                 /*取消宏 S1*/
    printf("%s\n",S1);          /*错误，S1 的定义已经取消*/
    {
      #define S2   "abcdef"     /*定义宏 S2*/
      printf("%s\n",S2);        /*使用宏 S2*/
    }
    printf("%s\n",S2);          /*使用宏 S2*/
    return 0;
    }
```

编译时输出如下编译信息：

error C2065: 'S1' : undeclared identifier

【注意】

（1）符号常量的有效范围是从第一次出现的位置开始，到#undef结束。如果没有对应的#undef 指令，则到文件末尾结束。

（2）符号常量与变量的有效范围不同。变量根据其所在位置，决定它的作用域范围。符号常量仅仅与其出现先后位置以及对应的#undef命令相关，与是否出现在具体函数无关。

【实践】 调试该例程，观察其运行过程。并适当进行修改。

10.3 文件包含预处理指令

文件包含命令的常见格式是

#include "文件名" 或 **#include<文件名>**

文件名是指调用的函数所在的文件，也可以直接写出完整的路径。"<>"与"" ""是有区别的。区别主要在于告诉编译器寻找函数所在文件的路径不一样。"" ""是先到程序所在目录或指定路径中去寻找，若没找到再到编译系统的 include 目录中去寻找，"<>"则直接到 include 目录中去寻找。

#include 指令的功能是将该指令后指出的文件找出（若没找到则报错），并将该文件内容在#include 指令位置展开。

例如：

#include "stdio.h"/*在预处理阶段将文件"stdio.h"的内容在该位置展开*/

int main(void)

{

…

printf("12345\n"); /*printf 函数为文件"stdio.h"所定义函数*/

…

}

【例 10-5】 从键盘输入两个整数，求出其中的最大和最小整数，要求用函数 Max 和 Min 求两整数的最大值和最小值，且两函数分别函数放在文件"max.c"和文件"C:\tc\min.c"中，主函数放在文件"ex10-5.c"中。

/*文件 max.c */

int Max(int a,int b) /*求两个整数的最大值*/

{ return a>b?a:b;

}

/*文件 c:\tc\min.c */

int Min(int x,int y)

{return x<y?x:y;

}

```
/*文件 ex10-5.c*/
#include <stdio.h>      /*到编译系统找文件 stdio.h*/
#include "max.c"        /*到程序所在目录找文件 max.c*/
#include "c:\tc\min.c"/*到指定目录 c:\tc 找文件 min.c*/
void main()
{int a,b;
printf("请输入两个整数：");
scanf("%d%d",&a,&b);
printf("a=%d,b=%d\na、b 中最大值为%d\n",a,b,Max(a,b));
printf("a=%d,b=%d\na、b 中最小值为%d\n",a,b,Min(a,b));
}
```

10.4　为机器减负——条件编译

在计算机世界，有着许多不同硬件结构以及软件系统的平台，在不同的平台下，同一功能的实现可能会要用不同的程序代码。

例如：

if（机器类型=A 类型）

　　　{代码 A}

else if （机器类型=B 类型）

　　　{代码 B}

else if （机器类型=C 类型）

　　　{代码 C}

一般上面例子中代码 A、代码 B、代码 C 是在不同平台上完成相同功能的代码段。如果代码按照上面这样编写，则代码 A、代码 B 和代码 C 都将会编译到程序文件中，很显然，此时程序中完成该功能的代码就重复了 2 次，代码无理由地增加了长度。条件编译能解决此类问题，可以为机器减负、减少程序长度。

条件编译命令实际上是用来让程序员告诉编译器程序中哪些程序段该编译，哪些不要编译。条件编译命令的引入，使得不同硬件平台或软件平台的代码可以同时编写在一个程序文件中，从而方便程序的维护和移植。同时，可以针对具体情况，选择不同的代码段加以编译。

条件编译命令有以下几种形式。

1. #ifdef　宏名

　　　　程序段 1

　　#else

　　　　程序段 2

　　#endif

功能：若宏名已经被#define 定义过，则编译程序段 1，否则编译程序段 2。这条编译命令如同前面学过的 if-else 语句，是一种典型的条件编译命令。

2. #ifndef　宏名

　　　　程序段 1

#else

　　　　程序段 2

#endif

功能：若宏名没有被#define 定义过，则编译程序段 1，否则编译程序段 2。与第一种形式完全相反。

3. #if　表达式

　　　程序段 1

#else

　　　程序段 2

#endif

功能：若表达式为真，则编译程序段 1，否则编译程序段 2，此处的表达式不能存在变量。此编译命令类似于 if-else 语句。

引入了条件编译后，则上面所提到的不同硬件或软件系统平台下，功能相同而代码不同可以采用条件编译的方式来解决。例如：

```
#define    WINDOWS 0
#define    LINUX        1
#define    UNIX          2
#define    OPERATING    WINDOWS
     …
#if    OPERATING== WINDOWS
     {代码 A}
#endif
#if OPERATING== LINUX
     {代码 B}
#endif
#if OPERATING== UNIX
     {代码 C}
#endif
```

如果在上述程序代码中定义了 OPERATING 的值为 WINDOW 常量，则编译器将编译代码 A 段，生成 Windows 版本；如果定义 OPERATING 的值为 LINUX 常量，则编译器将编译代码 B 段，生成 Linux 版本；否则生成 UNIX 版本。

可以看出，采取条件编译可以方便地生成某个程序的多种不同平台下的程序版本。

下面通过一个例程看一下条件编译命令的使用。

【例 10-6】　设计程序模式使得能方便生成 Windows、Linux 和 UNIX 版本。

问题分析：使用条件编译。

```
#include "stdio.h"
#define    WINDOWS 0
```

```
#define    LINUX        1
#define    UNIX         2
#define      OPERATING    UNIX
int main(void)
{
#if OPERATING==WINDOWS
    printf("在 Windows 下运行！\n");
#endif
#if OPERATING==LINUX
    printf("在 LINUX 下运行！\n");
#endif
#if OPERATING==UNIX
    printf("在 UNIX 下运行！为 UNIX 版本\n");
#endif
}
```
运行结果如图 10-2 所示。

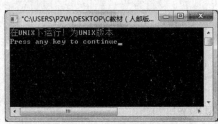

图 10-2　例 10-6 运行效果图

【例 10-7】　从键盘上随意输入一行字符，输出时将字幕字符要么全部小写输出，要么全部大写输出。

问题分析：用#define 命令来控制大小写输出。

例 10-7 代码 1：

```
#include "stdio.h"
#define UPPER 1
int main(void)
{
char str[80];
int i=0;
printf("请输入一个字符串：\n");
gets(str);
while(str[i]!='\0')
{
#if  UPPER /*大写处理*/
```

```
if((str[i]<='z')&&(str[i]>='a'))
        str[i]-=32;                    /*小写字母字符转换成大写字母字符*/
#else      /*小写处理*/
if((str[i]<='Z')&&(str[i]>='A'))
            str[i]+=32;                /*大写字母字符转换成小写字母字符*/
#endif
i++;
}
puts(str);
}
```

例 10-7 代码 2:

```
#include "stdio.h"
int main(void)
{
char str[80];
int i=0,j;
j=0;
printf("请输入一个字符串：\n");
gets(str);
while(str[i]!='\0')
{
#if   j    /*大写字母处理*/
if((str[i]<='z')&&(str[i]>='a'))
        str[i]-=32;                        /*小写字母字符转换成大写字母字符*/
#else      /*小写字母处理*/
if((str[i]<='Z')&&(str[i]>='A'))
            str[i]+=32;                    /*大写字母字符转换成小写字母字符*/
#endif
i++;
}
puts(str);
}
```

【注意】　　条件编译命令的使用可以缩短程序的编译时间，减少目标程序的长度，从而提高整个运行时间，同时方便程序员调试和测试代码。

【实践】　　上机测试例 10-6、例 10-7 代码 1 和代码 2，尝试修改程序用其他方式实现其相同功能。

【思考】　　测试例 10-7 代码 2 修改变量 j 的值，不论 j 的值如何修改，程序效果总是一样，即总是将字母字符转换成小写字母字符。为什么？

小 结

编译预处理阶段的工作是编译系统读取 C 源程序，对其中的伪指令（以#开头的指令）和特殊符号进行处理，或者说是扫描源代码，检查包含预处理指令的语句和宏定义，对其进行初步的转换，删除程序中的注释和多余的空白字符，产生新的源代码提供给编译器。预处理过程先于编译器对源代码进行处理。

在 C 语言中，编译器本身并没有任何内在的机制来完成如下一些功能：在编译时包含其他源文件、定义宏、根据条件决定编译时是否包含某些代码。要完成这些工作，就需要使用预处理程序。尽管目前绝大多数编译器都包含了预处理程序，但通常认为它们是独立于编译器的。

习 题

10-1 有以下程序：
```
#define  f(x)   x*x
main( )
{  int i;
   i=f(4+4)/f(2+2);
   printf("%d\n",i);
}
```
执行后输出结果是多少？

10-2 程序中头文件 type1.h 的内容是
```
    #define   N   5
    #define   M1  N*
```
程序如下：
```
#define   "type1.h"
    #define   M2  N*2
    main()
      { int i;
         i=M1+M2;  printf("%d\n",i);
          }
```
程序编译后运行的输出结果是多少？

10-3 有如下程序：
```
#define   N    2
#define   M    N+1
#define   NUM  2*M+1
```

```
#main()
{   int   i;
for(i=1;i<=NUM;i++)printf("%d\n",i);
}
```

程序编译后运行的输出结果是多少？

10-4　分别用函数和带参的宏，从 3 个整数中找出最小者。

10-5　什么是条件编译？条件编译有什么优点？

10-6　写一个带参宏，实现求 3 个整数的最大值。

第11章

C 程序与 Windows 操作系统*

导引

前面章节介绍的是 C 语言的基本语法知识和一些基本的程序设计知识，实际上纯粹用 C 编写基于控制台的程序已经过时了，更多的是用 C 语言编写基于窗口的应用程序（如 Windows 程序）。编写基于窗口的应用程序要看具体的操作系统，一般是通过调用具体操作系统的图形绘制函数（API 接口）来绘制图形界面。本章简单介绍用 C 语言编写基于 Win32 系统下的窗口程序。

学习目标

◇ 了解 Windows 系统及程序的特征和相关概念。

◇ 掌握创建一个 Win32 应用程序工程的过程。

◇ 了解用 RegisterClass()函数注册一个窗口类，再立即调用 CreateWindow()函数创建一个窗口的实例。

◇ 了解窗口的类型以及消息处理函数与窗口的关系。

◇ 理解消息循环。

◇ 了解消息处理函数的定义规则。

11.1 Windows 操作系统和 Windows 程序

11.1.1 了解 Windows

Windows 是一种基于图形界面的多任务操作系统，在这个环境开发的程序有着几乎完全相同的外观和命令结构。因为如此，程序员学习使用 Windows 应用程序编程就变得更容易。为了帮助用户开发 Windows 应用程序，Windows 提供了大量的应用程序接口函数（API）。程序员能方便地使用菜单、滚动条、对话框、图标和其他一些友好的用户界面开发 Windows 应用程序。

Windows 以硬件无关的方式来运行应用程序，并处理视频显示、键盘、鼠标、打印机、串行口以及系统时钟。最值得注意的 Windows 特性就是其标准化的图形用户界面，统一使用图片或图标来代表磁盘驱动器、文件、子目录以及其他操作系统的命令和动作。例如，程序员可以很方便地使用常见菜单和对话框的相关 API 函数来实现菜单和对话框，而所有的菜单和对话框都具有相同风格的键盘和鼠标接口。

Windows 的多任务环境允许用户在同一时刻运行多个应用程序或同一个应用程序的多个实例。一个应用程序可能处于激活状态，所谓激活的应用程序是指它正等待接收用户的输入。由于每一个瞬间仅有一个程序能够被处理，因此同一时间点也只能有一个应用程序处于激活状态。但是，内存中却可以有多个并发运行的程序任务存在。

综上所述，Windows 的优点有如下一些。

（1）直观、高效的面向对象的图形用户界面，易学易用。

从某种意义上说，Windows 用户界面和开发环境都是面向对象的。用户采用"选择对象－操作对象"这种方式进行工作。比如要打开一个文档，我们首先用鼠标或键盘选择该文档，然后从右键菜单中选择"打开"操作，打开该文档。这种操作方式模拟了现实世界的行为，易于理解、学习和使用。

（2）用户界面统一、友好、漂亮。

Windows 应用程序大多符合 IBM 公司提出的 CUA（Common User Acess）标准，所有的程序拥有相同的或相似的基本外观，包括窗口、菜单、工具条等。用户只要掌握其中一个，就不难学会其他软件，从而降低了用户培训学习的费用。

（3）丰富的设备无关的图形操作。

Windows 的图形设备接口（GDI）提供了丰富的图形操作函数，可以绘制出诸如线、圆、框等的几何图形，并支持各种输出设备。设备无关意味着在针式打印机上和高分辨率的显示器上都能显示出相同效果的图形。

（4）多任务。

Windows 是一个多任务的操作环境，它允许用户同时运行多个应用程序，或在一个程序中同时做几件事情。每个程序在屏幕上占据一块矩形区域，这个区域称为窗口，窗口是可以重叠的。用户可以移动这些窗口，或在不同的应用程序之间进行切换，并可以在程序之间进行手工和自动的数据交换和通信。

11.1.2　Windows 程序的特征

如前所述，Windows 操作系统具有 MS-DOS 操作系统无可比拟的优点，因而受到了广大软件开发人员的青睐。但是，熟悉 DOS 环境下软件开发的程序员很快就会发现，Windows 程序与 DOS 环境下的控制台应用程序相比有很大的不同，主要表现为以下几点。

1．消息驱动的程序设计

传统的 MS-DOS 程序主要采用顺序的、关联的、过程驱动的程序设计方法。一款程序是一系列预先定义好的语句序列的组合，它具有确定的开头、中间过程和结束，程序直接控制程序消息和过程的顺序。这样的程序设计方法是面向程序而不是面向用户，交互性差，用户界面不够友好，因为它强迫用户按照某种不可更改的模式进行工作。它的基本模型如图 11-1 所示。

消息驱动程序设计是一种全新的程序设计方法，它不是由消息的顺序来控制，而是由消息的发生来控制，而这种消息的发生是随机的、不确定的，并没有预定顺序，这样就允许程序的用户用各种合理的顺序来安排程序的流程。对于需要用户交互的应用程序来说，消息驱动的程序设计有着过程驱动方法无法替代的优点。它是一种面向用户的程序设计方法，它在程序设计过程中除了完成所需功能之外，更多的考虑了用户可能的各种输入，并针对性地设计相应的处理程序。它是一种"被动"式程序设计方法，程序开始运行时，处于等待用户输入消息状态，然后取得消息并作出相应反应，处理完毕又返回并处于等待消息状态，如图 11-2 所示。

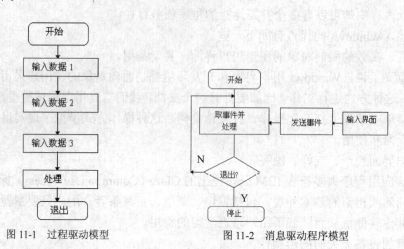

图 11-1 过程驱动模型　　　　图 11-2 消息驱动程序模型

2．消息循环与输入

消息驱动是指程序的运行时围绕着消息的产生与处理展开，一条消息是描述所发生事件的相关信息体。消息驱动程序执行是靠消息循环机制来实现的。Windows 应用程序的消息主要有输入消息、控制消息、系统消息和用户消息四种。

在 DOS 应用程序下，程序可以通过 getchar()、getch()等函数直接等待键盘输入，并直接向屏幕输出。而在 Windows 下，由于允许多个任务同时运行，应用程序的输入输出是由Windows 来统一管理的。

Windows 操作系统包括三个内核基本元件：GDI、KERNEL 和 USER。其中 GDI（图形设备接口）负责在屏幕上绘制像素、打印硬拷贝输出，绘制用户界面包括窗口、菜单、对话框等。系统内核 KERNEL 支持与操作系统密切相关的功能，如：进程加载，文本切换、文件I/O 以及内存管理、线程管理等。USER 为所有的用户界面对象提供支持，它用于接收和管理所有输入消息、系统消息并把它们发给相应的窗口的消息队列。消息队列是一个系统定义的内存块，用于临时存储消息；或是把消息直接发给窗口过程。每个窗口维护自己的消息队列，并从中取出消息，利用窗口函数进行处理，如图 11-3 所示。

3．图形输出

Windows 程序不仅在输入上与 DOS 程序不同，而且在程序输出上也与 DOS 有着很大不同，主要表现如下。

（1）DOS 程序独占整个显示屏幕，其他程序在后台等待。而 Windows 的每一个应用程序对屏

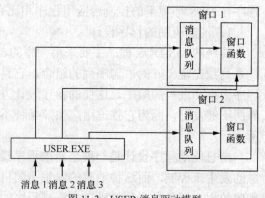

图 11-3 USER 消息驱动模型

幕的一部分进行处理。DOS 程序可以直接往屏幕上输出，而 Windows 是一个多窗口的操作系统，由操作系统来统一管理屏幕输出；每个窗口要输出内容时，必须首先向操作系统发出请求（GDI 请求），由操作系统完成实际的屏幕输出工作。

（2）Windows 程序的所有输出都是图形。Windows 提供了丰富的图形函数用于图形输出，这对输出图形是相当方便的，但是由于字符也被作为图形来处理，输出时的定位要比 DOS 复杂得多。

比如，在 DOS 字符方式下，我们可以写出如下程序用于输出两行文字：

```
printf（"Hello,\n"）;
printf（"This is DOS program.\n"）;
```

而在 Windows 下要输出这两行文字所做的工作要复杂得多。因为 Windows 输出是基于图形的，它输出文本时不会像 DOS 那样自动换行，而必须以像素为单位精确定位每一行的输出位置。另外，由于 Windows 提供了丰富的字体，所以在计算坐标偏移量时还必须知道当前所用字体的高度和宽度。

（3）Windows 下的输出是设备无关的。在 DOS 下编写过程序的读者常常会有这样的体会，在编写打印报表程序时，要针对不同的打印机在程序中插入不同的打印控制码，用以控制换页、字体设置等选项。这样的程序编写起来繁琐，而且不容易移植（因为换一台不同型号的打印机就要重新修改程序）。而 Windows 下的应用程序使用图形设备接口（GDI）来进行图形输出。GDI 屏蔽了不同设备的差异，提供了设备无关的图形输出能力，Windows 应用程序只要发出设备无关的 GDI 请求（如调用 Rectangle 画一个矩形），由 GDI 去完成实际的图形输出操作。对于一台具有打印矩形功能的 PostScript 打印机来说，GDI 可能只需要将矩形数据传给驱动程序就可以了，然后由驱动程序产生相应命令绘制出相应的矩形；而对于一台没有矩形输出功能的点阵打印机来说，GDI 可能需要将矩形转化为四条线，然后向驱动程序发出画线的指令，在打印机上输出矩形。关键是用户对这两种具体的输出过程不需要了解，用户只需要看到输出效果。

Windows 的图形输出是由 GDI 来完成的，GDI 是系统原始的图形输出库，它用于在屏幕上输出像素、在打印机上输出硬拷贝以及绘制 Windows 用户界面。

GDI 提供两种基本服务：创建图形输出和存储图像。GDI 提供了大量用于图形输出的函数，这些函数接收应用程序发出来的绘图请求、处理绘图数据并根据当前使用设备调用相应的设备驱动程序产生绘图输出。这些绘图函数分为三类：一是文字输出；二是矢量图形函数，用于画线、圆等几何图形；三是光栅（位图）图形函数，用于绘制位图。

GDI 识别四种类型的设备：显示屏幕、硬拷贝设备（打印机、绘图机）、位图和图元文件。前两者是物理设备，后两者是伪设备。一个伪设备提供了一种在 RAM 里或磁盘里存储图像的方法。位图存放的是图形的点位信息，占用较多的内存，但速度很快。图元文件保存的是 GDI 函数的调用和调用参数，占用内存较少，但依赖于 GDI，因此不可能用某个设备来创建图元文件，其速度比位图要慢。

GDI 的图形输出是面向窗口的，面向窗口包含两层含义。

（1）每个窗口作为一个独立的绘图接口来处理，有它自己的绘图坐标。当程序在一个窗口中绘图时，首先建立缺省的绘图坐标，原点（0，0）位于窗口用户区的左上角。每个窗口必须独立地维护自己的输出。

（2）绘图仅对于本窗口有效，图形在窗口边界会被自动裁剪，也就是说窗口中的每一个图形都不会越出边界。即使想越出边界，也是不可能的，窗口会自动防止其他窗口传过来的任何像素。这样，你在窗口内绘图时，就不必担心会偶然覆盖其他程序的窗口，从而保证了Windows下同时运行多个任务时各个窗口的独立性。

4．资源共享

对于 DOS 程序来说，它运行时独占系统的全部资源，包括显示器、内存等，在程序结束时才释放资源。而 Windows 是一个多任务的操作系统，各个应用程序共享系统提供的资源，常见的资源包括设备上下文、画刷、画笔、字体、对话框控制、对话框、图标、定时器和插入符号等。

Windows 要求应用程序必须以一种能允许它共享 Windows 资源的方式进行设计，它的基本模式是这样的：

（1）向 Windows 系统请求资源；

（2）使用该资源；

（3）释放该资源给 Windows 以供别的程序使用。

即使最有经验的 Windows 程序员也常常会忽略第三步。如果忽略了这一步，轻则过一会儿出现程序运行异常情况，或干扰其他程序的正常运行；重则立即死机，比如设备上下文没有释放时。

在 Windows 应用程序设计中，CPU 也是一种非常重要的资源，因此应用程序应当避免长时间的占用 CPU 资源（如一个特别长的循环）；如果确实需要这样做，也应当采取一些措施，以让程序能够响应用户的输入。主存也是一个共享资源，要防止同时运行的多个应用程序因协调不好而耗尽内存资源的情况出现。

应用程序一般不要直接访问内存或其他硬件设备，如键盘、鼠标、计数器、屏幕或串口、并口等。Windows 系统要求绝对控制这些资源，以保证向所有的应用程序提供公平的不中断的运行。如果确实要访问串并口，应当使用通过 Windows 提供的函数来安全的访问。

5．Windows 应用程序组成

前面介绍了 Windows 应用程序的特点，现在让我们看看编写一个 Windows 程序需要做哪些工作。编写一个典型的 Windows 应用程序，一般需要以下文件。

（1）C 源程序文件：源程序文件包含了应用程序的数据、功能逻辑模块（包括消息处理、用户界面对象初始化以及一些辅助例程）的定义。

（2）头文件：头文件包含了 C 源文件中所有数据、模块、数据类型的声明。当一个 C 源文件要调用另一个 C 中所定义的模块功能时，需要包含那个 C 文件对应的头文件。

（3）资源文件：包含了应用程序所使用的全部资源定义，通常以.RC 为后缀名。注意这里说的资源不同于前面提到的资源，这里的资源是应用程序所能够使用的一类预定义工具中的一个对象，包括：字符串资源、加速键表、对话框、菜单、位图、光标、工具条、图标、版本信息和用户自定义资源等。

其中 C 源程序文件和头文件同 DOS 下的类似，需要解释的是资源文件。

在 DOS 程序设计过程中，所有的界面设计工作都在源程序中完成。而在 Windows 程序设计过程中，类似菜单、对话框、位图等可视的对象被单独分离出来加以定义，并存放在资源源文件中，然后由资源编译程序编译为应用程序所能使用的对象的映像。资源编译使应用程序可以读取对象的二进制映像和具体数据结构，这样可以减轻为创建复杂对象所需要的程序设计工作。

程序员在资源文件中定义应用程序所需使用的资源，资源编译程序编译这些资源并将它们存储于应用程序的可执行文件或动态连接库中。在 Windows 应用程序中引入资源有以下一些好处。

（1）降低内存需求：当应用程序运行时，资源并不随应用程序一起装入内存，而是在应用程序实际用到这些资源时才装入内存。在资源装入内存时，它们拥有自己的数据段，而不驻留于应用程序数据段中；当内存紧张时，可以废弃这些资源，使其占用的内存空间供给他用，而当应用程序用到这些资源时才自动装入，这种方式降低了应用程序的内存需求，使一次可运行更多的程序，这也是 Windows 内存管理的优点之一。

（2）便于统一管理和重复利用：将位图、图标、字符串等按资源文件方式组织便于统一管理和重用。比如，将所有的错误信息放到资源文件里，利用一个函数就可以负责错误提示输出，非常方便。如果在应用程序中要多次用到一个代表公司的徽标位图，就可以将它存放在资源文件中，每次用到时再从资源文件中装入。这种方式比将位图放在一个外部文件更加简单有效。

（3）应用程序与界面有一定的独立性，有利于软件的国际化：由于资源文件独立于应用程序设计，使得在修改资源文件时（如调整对话框大小、对话框控制位置），可以不修改源程序，从而简化了用户界面的设计。另外，目前所提供的资源设计工具一般都是采用"所见即所得"方式，这样就可以更加直观、可视的设计应用程序界面。由于资源文件的独立性，软件国际化工作也非常容易。比如，现在开发了一个英文版的应用程序，要想把它汉化，只需要修改资源文件，将其中的对话框、菜单、字符串资源等汉化即可，而无需直接修改源程序。

但是，应用程序资源只是定义了资源的外观和组织，而不是其功能特性。例如，编辑一个对话框资源，可以改变对话框的安排和外观，但是却没有也不可能改变应用程序响应对话框控制的方式。外观的改变可以通过编辑资源来实现，而功能的改变却只能通过改变应用程序的源代码，然后重新编译来实现。

Windows 应用程序的生成同 DOS 下类似，也要经过编译、链接两个阶段，只是增加了资源编译过程，基本流程如图 11-4 所示。

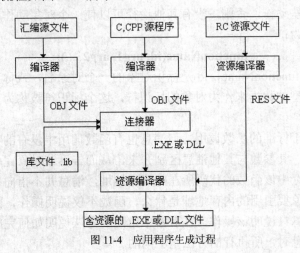

图 11-4　应用程序生成过程

C 编译器将 C 源程序编译成目标程序，然后使用连接程序将所有的目标程序（包括各种库）连接在一起，生成可执行程序。在制作 Windows 应用程序时，编译器还要为引出函数生成正确的入口和出口代码。

连接程序生成的可执行文件还不能在 Windows 环境下运行，必须使用资源编译器对其进行处理。资源编译器对可执行文件的处理是这样的：如果该程序有资源描述文件，它就把已编译为二进制数据的资源加入到可执行文件中；否则，仅对该可执行文件进行相容性标识。应用程序必须经过资源编译器处理才可以在 Windows 环境下运行。

11.1.3　面向对象的思维方法

面向对象的基本思想是：将世界看成是一组彼此相关并相互通信的实体即对象组成，每个对象有一个名字来标识，这是人们通常看待世界的方式。例如，当看见一辆汽车时，所见到的是一辆汽车，而不是一大堆原子。人们可以将汽车分解为车轮、发动机、车门、油箱等，它们都是具体的实体即对象。

对象之间的通信被称为发送消息，即一个对象请求另一个对象执行某种方式的操作。例如，交叉路口的红灯"请求"驾驶员停车，驾驶员在接受到消息之后，他所执行的动作是踏下制动踏板，向汽车发送了一条消息，汽车在接收到此消息之后，又将该消息分解之后发送到相关的对象上：制动器作用于车轮上，将动能转变成为势能，使车速降下来；尾灯又向它后面的其他车辆的驾驶员发送消息；各种仪表盘向驾驶员反馈出所发送的消息的动作结果。

从程序员角度而言，对象是内存中一块有名字的存储区。我们通常所谓的变量就是一种数据对象，但对象的概念比变量的含义更广义，通常将对象定义成为包含有数据和代码的内存区域，数据表征对象的特征，代码用于响应消息，使对象进行某些动作。以屏幕上显示的一个可视的窗口对象为例，我们可以对比分析一下用户心目中的对象和程序员心目中的对象的关系。窗口对象的特征，例如颜色、长度、其中显示的信息等，在程序中被表示为数据。用户对窗口对所做的操作，例如移动窗口、改变窗口的大小等，使得用户向窗口发送了消息，这些消息引起了计算机（内存中的）对象执行相应的代码，代码执行的结果改变了对象中的数据，使对应的可视对象的位置和大小发生了变化。

对象为响应消息所执行的代码被称为方法，对象中保存的数据构成对象的属性，对象的抽象定义就是执行某些动作，否则，没有其他途径可以使一个对象动作起来。向一个对象发送消息在程序中表示为：

functionName(id, arg1, arg2, ...);

其中，消息名是 functionName，id 是标识对象的一个对象名，或称其为对象的标识符，Windows 使用某种类型的数据来作为对象的标识符，这个标识符被称为对象的句柄。arg1 等为消息所带的参数。

虽然发消息类似于标准的函数调用，但消息也有函数调用中没有的特性，例如，消息始终在执行一选择机制，其参数与其他消息区别开来，从而告诉该对象完成什么样的操作。一个函数名始终指向内存中该函数的代码所在的确定地址，消息并不指向内存中的某地址，但却告诉接受消息的对象要引用的内存地址是什么。函数不仅说明操作，而且还要执行如何完成该操作的方法。消息只说明该操作，在对象中定义的方法说明如何完成该操作。当向不同的对象发送相同的消息时，所执行的方法是不同的。

在面向对象的程序设计中，每个对象由一个类来定义，类是对一组性质相同的对象的抽象描述，它是由概括了一组对象共同性质的方法和数据组成。从一组对象中抽象出公共的方法与数据，将它们保存在一个类中是面向对象程序设计的核心。

在日常生活中，我们也以类这种方式来定义客观对象。通过对客观对象进行抽象，我们将性质相同的对象归为一类，形成概念，例如，人类、苹果类、食品类等。通过对客观对象分类，我们也可以更好地认识客观对象，例如，当知道张三是一个人时，不用对张三进行更多的描述，我们已知道张三作为一个人所具有的特征和行为，因为它们已经在"人"类中进行了描述。

在面向对象的程序中，类被用作样板来生产具有相同行为方式的对象。类就像是生产对象的一个工厂，在生产对象时，对象具有类中所描述的同样的数据结构和方法，同时，对象的每个数据在创立之初取得一个初始值，形成对象的初始状态。对象通过发送消息相互作用，对象的状态从一种状态过渡到另一种状态，当所有的有关对象到达某种特定的状态时就得程序的运行结果。

使用类产生对象的过程也称为生成该类的一个实例。因此，对象也可以定义是类的一个实例。定义类也意味着将该类的对象公用代码放在内存的公共区域中，而不必对每个对象都将它们的代码和数据重新进行一次描述，这减轻了程序员的劳动强度。我们可以将一些常用对象定义放在一个公用库中，而在程序中需要该类的一个对象时，就创建该类的一个实例。Windows 已为程序员预定义了许多像按钮、滚动条和对话框等对象的类，当程序员需要这些类的对象时，仅需创立该类的实例即可。对于同一个类的不同对象，在建立对象时其初始状态不同，因而这些对象在屏幕上显示的位置、大小等属性也不相同，但同类的对象的操作是相同的（因为它们共用相同的方法）。这也就是为什么不同的 Windows 应用程序对用户表现出一致的操作特性的原因之一。

11.2　Windows 程序元素

11.2.1　用户界面的构件

Windows 支持丰富的用户接口对象，包括窗口、图标、菜单、对话框等。程序员只需简单的几十行代码，就可以设计出一个非常漂亮的图形用户界面。而在 DOS 环境下，则需要大量的代码来完成同样的工作，而且效果也没有 Windows 提供的那么理想。下面介绍一下用户界面对象中的一些常见构件。

1. 窗口

窗口是用户界面中最重要的部分。它是屏幕上与一个应用程序相对应的矩形区域，是用户与产生该窗口的应用程序之间的可视界面。每当用户开始运行一个应用程序时，应用程序就创建并显示一个窗口；当用户操作窗口中的对象时，程序会做出相应反应。用户通过关闭一个窗口来终止一个程序的运行，通过选择相应的应用程序窗口来选择相应的应用程序。

2. 边框

绝大多数窗口都有一个边框，用于指示窗口的边界。同时也用来指明该窗口是否为活动窗口，当窗口活动时，边框的标题栏部分呈高亮显示。用户可以用鼠标拖动边框来调整窗口的大小。

3. 系统菜单框

系统菜单框位于窗口左上角，以当前窗口的图标方式显示，用鼠标单击一下该图标（或按 ALT+空格键）就弹出系统菜单。系统菜单提供标准的应用程序选项，包括 Restore（还原窗口原有的大小）、Move（使窗口可以通过键盘上的方向键来移动其位置）、Size（使用方向键调整窗口大小）、Minimize（将窗口缩成图标）、Maximize（使窗口充满整个屏幕）和 Close（关闭窗口）。

4. 标题栏

标题栏位于窗口的顶部，其中显示的文本信息用于标注应用程序，一般是应用程序的名字，以便让用户了解哪个应用程序正在运行。标题栏颜色反映该窗口是否是一个活动窗口，当为活动窗口时，标题栏呈现醒目颜色。鼠标双击标题栏可以使窗口在正常大小和最大化状态之间切换。在标题栏上按下鼠标器左键可以拖动并移动该窗口，按右键弹出窗口系统菜单。

5. 菜单栏

菜单栏位于标题栏下方，横跨屏幕，在它上面列出了应用程序所支持的命令，菜单栏中各项是命令的主要分类，如文件操作、编辑操作。从菜单栏中选中某一项通常会显示一个弹出菜单，其中的项是对应于指定分类中的某个任务。通过选择菜单中的一项（菜单项），用户可以向程序发出命令，以执行某一功能。

6. 工具条

工具条一般位于菜单栏下方，在它上面有一组位图按钮，代表一些最常用的命令。工具条可以显示或隐藏。让鼠标在某个按钮上停一会儿，在按钮下方会出现一个小窗口，里面显示关于该按钮的简短说明，叫做工具条提示（ToolTip）。用户还可以用鼠标拖动工具条将其放在窗口的任何一侧。

7. 客户区

客户区是窗口中最大的一块空白矩形区域，用于显示应用程序的输出。例如，字处理程序在客户区中显示文档的当前页面。应用程序负责客户区的绘制工作，而且只有和该窗口相对应的应用程序才能向该用户区输出。

8. 垂直滚动条和水平滚动条

垂直滚动条和水平滚动条分别位于客户区的右侧和底部，它们各有两个方向相反的箭头和一个长度可变的滚动块。可以用鼠标选中垂直滚动条的箭头上下滚动或选中水平滚动条的箭头水平滚动客户区的内容。滚动块的位置表示客户区中显示的内容相对于要显示的全部内容的位置，滚动块的长度表示客户区中显示的内容大小相对于全部内容大小的比例。

9. 状态栏

状态栏是一般位于窗口底部，用于输出菜单的说明和其他一些提示信息（如鼠标位置、当前时间、某种状态等）。

10. 图标

图标是一个用于提醒用户的符号，它是一个小小的图像，用于代表一个应用程序。当一个应用程序的主窗口缩至最小时，就呈现为一个图标。

11. 光标

Windows 的光标是显示屏上的一个位图，而不是 DOS 中的一条下划线。光标用于响应鼠标或其他定位设备的移动。程序可以通过改变光标的形状来指出系统中的变化，或让用户知道程序进入了一种特殊模式，例如，绘图程序经常改变光标来反映被绘制对象的类型，是直线或是圆等。

12. 对话框

对话框是一种特殊的窗口，它提供了一种接收用户输入、处理数据的标准方法。当用户输入了一个需要附加信息的命令时，对话框是接收输入的标准方法。比如，假设用户要求系统打开一个文件，对话框就可以提供一个让用户从一组文件中选择一个文件的标准方法。

11.2.2　句柄

Windows 应用程序中存在许多对象，例如菜单、窗口、图标、内存对象、位图、刷子、设备对象和程序实例等，在 Windows 中，对象使用句柄进行标识。这样，通过使用一个句柄，应用程序可以访问一个对象。

在 Windows 软件开发工具中，句柄被定义为一种新的数据类型。在应用程序中，对句柄的使用一般只有赋值（句柄可以被赋以初始值、被改变为用于标识同类对象中的另一个对象和被用作函数的参数）、与 NULL 进行相等比较（判定一个句柄是否为一个有效的句柄）和与标识同类对象的另一个句柄进行相等比较（判定两个句柄是否标识同一个对象），除此之外没有其他的运算。在 32 位 Windows 中，句柄是一个 32 位的数据。

Windows 中一种通用句柄类型是 HANDLE，从 HANDLE 类型又派生出了一些新的句柄数据类型，每种类型的句柄用于标识一种类型的对象，下面是一些常见的句柄类型。

表 11-1　　　　　　　　　　　　常见句柄类型

类　　型	说　　明
HANDLE	通用句柄类型
HWND	标识一个窗口对象
HDC	标识一个设备对象
HMENU	标识一个选单对象
HICON	标识一个图标对象
HCURSOR	标识一个光标对象
HBRUSH	标识一个刷子对象
HPEN	标识一个笔对象
HFONT	标识一个字体对象
HINSTANCE	标识一个应用程序模块的一个实例
HLOCAL	标识一个局部内存对象
HGLOBAL	标识一个全局内存对象

11.2.3 数据类型及常量

为便于开发 Windows 应用程序，Windows 的开发者新定义了一些数据类型。这些数据类型或是与 C/C++中已有的数据类型同义，或是一些新的结构数据类型。引入这些类型的主要目的是为便于程序员开发 Windows 应用程序，同时也是为了增强程序的可读性。这些数据类型大部分在 Windows.h 中定义，下面是在这个文件中定义的部分类型：

```
#define   PASCAL            pascal
#define   NEAR             near
#define   FAR              far
typedef   unsigned char     BYTE
typedef   unsigned short    WORD
typedef   unsigned long     DWORD
typedef   long             LONG
typedef   char             *PSTR
typedef   char NEAR        *NPSTR
typedef   char FAR         *LPSTR
typedef   void             VOID
typedef   int              *LPINT
typedef   LONG             (PASCAL FAR * FARPROC)();
```

在 Windows.h 中，使用 typedef 还定义了一些新的结构类型。这些结构类型的名字也使用大写形式的标识符，见表 11-2。

表 11-2   Windows 中的一些新结构类型

类　型	说　明
MSG	消息结构
WNDCLASS	窗口的类的结构
PAINTSTRUCT	绘图结构
POINT	点的坐标的结构
RECT	矩形结构

以类型 MSG 为例来说明类型的定义方法。类型 MSG 是一个消息结构，它的定义方式及其各域的含义如下：

```
typedef struct tagMSG {
    HWND    hWnd;        /* 窗口对象的标识符，该条消息传递到它所标识的窗口上*/
    UINT       message;    /* 消息标识符，标识某个特定的消息*/
    WPARAM    wParam;     /* 随同消息传递的 16 位参数*/
    LPARAM    lParam;     /* 随同消息传递的 32 位参数*/
    DWORD      time;      /* 消息产生的时间*/
```

```
    POINT              pt;      /* 产生消息时光标在屏幕上的坐标*/
  } MSG;
typedef  MSG  FAR  *LPMSG;
```

其中的 POINT 类型的定义是：

```
typedef  struct  tagPOINT {
    int x;            /* X 坐标 */
    int y;            /* Y 坐标 */
    } POINT;
typedef  POINT  FAR  *LPPOINT;
```

Windows.h 在定义大部分类型的同时，还定义了该类型的指针类型。例如，上例中的 LPPOINT 和 LPMSG 等，其中字母前缀 LP 表示远指针类型；若使用 NP 作为一个类型的前缀，则表示近指针类型；若使用 P 作为一个类型的前缀时，则表示一般的指针类型，这是由编译程序时所使用的内存模块决定这种指针是远指针或是近指针。在 Windows.h 中说明的大部分指针类型都采用这里介绍的方法进行说明，例如，LPRECT，它表示一个 RECT 类型的远指针。

在 Windows.h 中说明的大部分指针类型使用了关键字 const，如果一个指针类型的名字前缀为 LPC、NPC 或 PC，则其中的字母 C 表示这种类型的指针变量所指向的变量空间不能通过该指针变量来修改，这种指针类型一般采用下述方法进行说明：

```
            typedef  const  POINT  FAR  * LPCPOINT;
            typedef  const  REC    FAR  * LPCRECT;
```

一个使用 const 修饰的指针（称其为 const 指针）可以指向没有使用 const 修饰的变量，但没有使用 const 修饰的指针不能指向 const 修饰的变量。

例如：

```
const  POINT  pt;
LPCPOINT  lpcPoint = &pt;        /* 正确*/
LPPOINT   lpPoint = &pt;         /* 错误*/
```

当向函数传递参数时，必须特别注意这个问题，例如：

```
void  fun(LPPOINT lppt) ;
…
LPCPOINT lpcPoint ;
fun(lpcPoint) ;    /*错误，lpcPoint 为常量指针*/
```

编译器将指示这个函数调用语句是错误的。所以，在一个函数不修改一个指针参数所指向的变量的情况下，最好将该参数说明为 const 指针，使 const 类型的指针也能用于该函数的参数。Windows.h 中说明的大部分函数使用了 const 指针参数。

在 Windows.h 中，大多数语句是用于定义一个常量。

例如：

```
                #denfine  WM_QUIT  0X0012
```

该语句用标识符 WM_QUIT 来表示编号为 0X0012 的消息。每个常量由一个前缀和表示其含义的单词组成的标识符组成，两者之间用下画线隔开。前缀表明这些常量所属的一般范畴。下面是一些前缀和它们所属的范畴的说明，见表 11-3。

表 11-3 消息前缀

消息类型前缀	说　　明
CS	窗口类的风格（Class Style）
IDI	预定义的图标对象的标识符（IDentity of Icon）
IDC	预定义的光标对象的标识符（IDentity of Cursor）
WS	窗口的风格（Windows Style）
CW	创建窗口（Create Windows）
WM	窗口消息（Windows Message）
DT	绘制文本（Drawing Text）

在变量名的表示方法方面，Windows 推荐使用一种称为"匈牙利表示法"的方法。每个变量名用小写字母或描述了变量的数据类型的字母作为前缀，变量的名字紧跟其后，且用大写字母开始的单词（一个或多个单词）表示其含义，这样每个变量都能附加上其数据类型的助记符。例如：

```
WORD   wOffset ;      /* w 表示 WORD 类型 */
DWORD dwValue ;       /* dw 表示 DWORD 类型 */
```

下面是 Windows 中常使用的一些字母前缀和它们所代表的数据类型，见表 11-4。

表 11-4 变量名前缀表示含义

变量名前缀类型	说　　明
b	BOOL，布尔类型
by	BYTE 类型
c	char 类型
dw	DWORD 类型
fn	函数类型
i	整型
l	LONG 类型
lp	远（长）指针（long pointer）
n	短整型
np	近（短）指针（near pointer）
p	指针
s	字符串
sz	以'\0'结尾的字符串
w	WORD 类型
x	short，用于表示 X 坐标时
y	short，用于表示 Y 坐标时

Windows 程序员也可以根据上述思想和使用目的，发明一些其他的前缀，但要注意，对这些前缀的使用必须保持前后一致。在 Windows 中，所有的函数根据其用途来命名，它们一般由 2 到 3 个英文单词组成，每个单词的第一个字母大写，例如，函数 CreateWindow()，由该函数的名字可以知道它的用途是创建一个窗口。

11.2.4　应用程序使用的一些术语

下面介绍 Winodws 应用程序使用的一些术语及其相关概念。

1．模块

在 Windows 中，术语"模块"一般是指任何能被装入内存中运行的可执行代码和数据的集合。更明确地讲，模块指的就是一个.EXE 文件（又称为应用程序模块），或一个动态链接库（DLL—Dynamic Linking Library，又被称为动态链接库模块或 DLL 模块），或一个设备驱动程序，也可能是一个程序包含的能被另一个程序存取的数据资源。

Windows 本身由几个相关的模块组成，Windows API 函数就是在 Windows 启动时装入内存中的几个动态链接库模块实现的。其中三个主要模块分别是 USER.EXE（用于窗口管理等）、KERNEL.EXE（用于内存管理的多任务调度）和 GDI.EXE（图形设备接口，用于图形输出等）。

2．应用程序

一个 Windows 应用程序是被 Windows 调用或在 Windows 下运行的一个程序，这个程序可以调用静态连接库（也就是 C 的运行时间库）中的函数和 DLL 的函数，它也可以启动其他的应用程序。一个应用程序在运行时的输入被 Windows 捕获，并以消息的形式传送到应用程序的活动窗口上。一个应用程序的输出也是通过 Windows 进行的，所有的输出首先被送给 Windows。许多 MS-DOS 应用程序基本上占据整个计算机，并认为所有的计算机资源只属于该应用程序，应用程序告诉相对被动的 MS-DOS 应做什么。在一个 Windows 应用程序中，Windows 自身是非常主动的，并且和应用程序协同得非常紧密。Windows 管理着计算机的所有资源，并调度这些资源，使它们可为正在 Windows 上运行的所有应用程序共享。

3．任务和实例

Windows 将运行的应用程序实例作为不同的任务。当一个应用程序的多个实例在运行时，它们也被 Windows 当作不同的任务。Windows 为一个模块的每一个实例都装入一个缺省数据段，但可执行代码只能装入一次。也就是说，同一个模块的实例共享相同的代码，但有自己私用的数据段。

对每一个模块、任务或实例，Windows 分别使用一个句柄来标识它。在窗口对象的私有数据存储区存储有一个应用程序的任务句柄、实例句柄和模块句柄。任务句柄被 Windows 的任务调度程序用于进行任务调度。通过模块句柄，Windows 可以知道一个模块当前有多少实例正在运行。同一个模块的不同实例有相同的模块句柄，但有不同的任务和实例句柄。当 Windows 由于内存管理的需要而废弃了一个实例的代码段时，通过模块句柄，Windows 可以从模块中重新装入这个实例所需的代码。

4．动态链接库

DLL 是一种有别于 MS-DOS 应用程序所使用的库模块（例如 C 的运行时间库）的一种特殊的库模块，它含有可能被其他应用程序调用的函数。一个 DLL 在运行时被动态地连接到一个应用程序中或另一个 DLL 中，而不是在制作应用程序时静态地连接到应用程序中的（这种方法是在编制 MS-DOS 应用程序中使用的方法，它们在 Windows 应用程序中仍然可以继续被使用）。使用 DLL 的好处在于，当有多个应用程序使用同一个 DLL 并且同时在 Windows 中运行时，该 DLL 在内存中只有一个实例。

5．应用程序设计接口

应用程序设计接口（API）是应用程序用于操作周围环境的一组函数调用接口。Windows API 大约有超过 2 200 多个函数，学习 Windows 程序设计的许多工作就是学习如何使用这些 API。

6．Windows 下的函数

在进行 Windows 应用程序设计中，程序员除了需要知道有关一个函数的常用信息（例如函数的名字，近函数或远函数，返回类型以及应如何调用）之外，同时还要知道更多的内容：一个回调函数、引出函数或是一个引入函数。

引出函数是在一个模块中定义而在这个模块之外被调用的一种函数；或是被 Windows 或是被另一个模块调用。这些函数必须以一种特定的方式进行说明，并被编译器作特殊的处理。

在 DLL 中引出的函数若要被另一个模块调用，必须在另一个模块中将这个被调函数说明为引入函数。由此可见，引出函数和引入函数表达的是从两种角度处理同一个函数的不同表达。

回调函数是一种特殊的引出函数，是由 Windows 环境直接调用的函数。一个应用程序至少要有一个回调函数。当一条消息要交给应用程序处理时，Windows 调用这个回调函数。这个函数对应于一个活动窗口，被称为这个窗口的窗口过程函数。因为许多应用程序至少建立一个窗口，并且 Windows 需要向这个窗口发送消息，所以，处理消息的函数必须由 Windows 调用。在请求 Windows 枚举它所维护的对象时，例如字体或窗口，Windows 也要调用应用程序中的回调函数。当向 Windows 提出这样的请求时，就必须向 Windows 提供回调函数的地址。

为便于程序开发活动，在 Windows.h 中定义了两个类型名，用于在程序说明中引出函数。

表 11-5　　　　　　　　　　　　　　　Windows 中定义的新函数类型

类　　型	说　　明
WINAPI	等价于 FAR PASCAL，说明该函数是一个引出函数，这个类型名只用于在 DLL 中说明引出函数，或在应用程序中对 DLL 中的引出函数进行函数说明时
CALLBACK	等价于 FAR PASCAL，说明该函数是一个回调函数，它常被用在应用程序模块中说明一个窗口过程函数或其他种类的回调函数

11.2.5　事件和消息

在 Windows 中，用户或系统中所发生的任何活动被当作事件来处理，例如，用户按下了鼠标按钮，就产生一鼠标事件。对于所发生的每一个事件，Windows 将其转换成消息的形式放在一个称为消息队列的内存区中，然后由 Windows 的消息发送程序选择适合的对象，将消息队列中的消息发送到欲接收消息的对象上。Windows 的消息可分为四种类型。

（1）输入消息：对键盘和鼠标输入作反应。这类输入消息首先放在系统消息队列中，然后 Windows 将它们送入应用程序的消息队列，使消息得到处理。

（2）控制消息：用来与 Windows 的特殊控制对象，例如，对话框、列表框、按钮等进行双向通信。这类消息一般不通过应用程序的消息队列，而是直接发送到控制对象上。

（3）系统消息：对程式化的事件或系统时钟中断作出反应。有些系统消息，例如大部分 DDE 消息（程序间进行动态数据交换时所使用的消息）要通过 Windows 的系统消息队列。而有些系统消息，例如窗口的创建及删除等消息直接送入应用程序的消息队列。

（4）用户消息：这些消息是程序员创建的，通常，这些消息只从应用程序的某一部分进入到该应用程序的另一部分而被处理，不会离开应用程序。用户消息经常用来处理菜单操作：一个用户消息与菜单中的一选项相对应，当它在应用程序队列中出现时被处理。

Windows 应用程序通过执行一段称为消息循环的代码来轮询应用程序的消息队列，从中检索出该程序要处理的消息，并立即将检索到的消息发送到有关的对象上。典型的 Windows 应用程序的消息循环的形式为：

```
MSG      msg;
while (GetMessage(&msg, NULL, 0, 0L))
{   TranslateMessage(&msg);
    DispatchMessage(&msg);
    }
```

函数 GetMessage 从应用程序队列中检索出一条消息，并将它存于具有 MSG 类型的一个变量中，然后交由函数 TranslateMessage 对该消息进行翻译，紧接着，函数 DispatchMessage 将消息发送到适当的对象上。

11.2.6　窗口

对 Windows 用户和程序员而言，窗口对象（简称窗口）是一类非常重要的对象。尤其对程序员，窗口的定义和创建以及对窗口的处理过程最能直观地反映出 Windows 中面向对象的程序设计的四个基本机制（类、对象、方法、和消息）。

1. 窗口类

如前所述，在程序中创建对象，必须先定义对象所属的类。在 Windows 中，窗口类是在类型为 WNDCLASS 的结构变量中定义的，在 Windows.h 中，结构类型 WNDCLASS 的说明为：

```
typedef   struct   tagWNDCLASS {
    DWORD style;                  /* 窗口风格 */
    WNDPROC  *lpfnWndProc;        /* 窗口过程函数 */
    int  cbClsExtra;              /* 类变量占用的存储空间 */
    int  cbWndExtra;              /* 实例变量占用的存储空间 */
    HINSTANCE  hinstance;         /* 定义该类的应用程序实例的句柄 */
    HICON  hicon;                 /* 图标对象的句柄 */
    HCURSOR  hCursor;             /* 光标对象的句柄 */
```

HBRUSH　　hbrBackground;　　　/* 用于擦除用户区的刷子对象的句柄 */

LPCSTR　　lpszMenuName;　　　/* 标识菜单对象的字符串 */

LPCSTR　　lpszClassName;　　　/* 标识该类的名字的字符串 */

} WNDCLASS;

WNDCLASS 类型有 10 个域，它描述了该类的窗口对象所具有的公共特征和方法。在程序中可以定义任意多的窗口类，每个类的窗口对象可以具有不同的特征。lpszClassName 是类的名字，在创建窗口对象时用于标识该窗口对象属于哪个类。lpfnWndProc 是指向函数的一个指针，所指向的函数应具有下述的函数原型：

LRESULT　CALLBACK　WndProc(HWND hWnd, UINT message, WPARAM

wParam,L，PARAM　　lParam)

该函数被称为窗口过程函数，其中定义了处理发送到该类的窗口对象的消息的方法。窗口过程函数是一个回调函数，因此在定义窗口过程函数时要使用 CALLLBACK 类型进行说明。参数 hWnd 是一个窗口对象的句柄。通过该句柄，一个窗口过程函数可以检测出当前正在处理哪个窗口对象的消息。参数 message 是消息标识符，参数 wParam 和 lParam 是随同消息一起传送来的参数，随着消息的不同，这两个参数所表示的含义也不大相同，在定义消息时对这两个参数的含义一同进行定义。

域 hIcon、hCursor 和 hbrBackground 分别定义窗口变成最小时所显示的图标对象的句柄，当光标进入该类的窗口对象的显示区域时所显示的光标对象的句柄，以及当需要擦除用户区域显示的消息时所使用的刷子对象的句柄（该刷子作用的结果形成窗口用户区的背景色）。

域 style 规定窗口类的风格，它可用表 11-6 中列出的常量经位或运算之后形成。

表 11-6　　　　　　　　　　　　　　　　　窗口类风格常量

类　　型	说　　明
CS_HREDRAW	如果窗口的水平尺寸被改变，则重画整个窗口
CS_VREDRAW	如果窗口的垂直尺寸被改变，则重画整个窗口
CS_BYTEALIGNCLIENT	在字节边界上（在 X 方向上）定位用户区域的位置
CS_BYTEALIGNWINDOW	在字节边界上（在 X 方向上）定位窗口的位置
CS_DBLCLKS	当连续两次按动鼠标键时向窗口发送该事件的消息
CS_GLOBALCLASS	定义该窗口类是一个全局类。全局类由应用程序或库建立，并且所有的应用程序均可使用全局类
CS_NOCLOSE	禁止系统菜单中的 Close 选项

域 lpszMenuName 指向一个以'\0'字符（称为空字符或 NULL 字符）结尾的字符串，用于标识该窗口类的所有对象所使用的缺省选单对象。如果该域为 NULL，则表示没有缺省选单。

域 hInstance 用于标识定义该窗口类的应用程序的实例句柄。每一个窗口类需要一个实例句柄来区分注册窗口类的应用程序或 DLL，该实例句柄用于确定类属。当注册窗口类的应用程序或 DLL 被终止时，窗口类被删除。

WNDCLASS 类型规定了该类窗口对象的基本数据表示和处理消息的窗口过程函数，但是，在有些应用程序中，单有这些是不够的。因此，该类型提供了两个域：cbClsExtra 及 cbWndExtra，指示系统分配额外的存储空间用于存储一些附加数据。其中 cbClsExtra 定义可以为该类的所有对象共用的数据占用的存储空间的大小（以字节计）；而 cbWndExtra 用于定义该类的每个对象私用的数据占用的存储空间的大小（以字节计），一个对象可以在该私有存储空间中存储一些数据，但该类的其他对象不能访问到这个对象所存储的这些私用数据。而在公用存储空间中所存的数据可被该类的所有对象访问到。函数 SetClassWord/SetClassLong 和 GetClassWord/GetClassLong 用于访问公用数据，函数 SetWindowWord/SetWindowLong 和函数 GetWindowWord/GetWindowLong 用于访问特定对象的私用数据。

2．注册窗口类

当程序员设置了 WNDCLASS 变量的各个域之后，使用函数 RegisterClass 向 Windows 注册这个类，至此，完成了定义并注册一个窗口类的过程。函数 RegisterClass 的原型为

BOOL RegisterClass(LPWNDCLASS lpWndClass);

该函数唯一的一个参数是指向 WNDCLASS 类型的变量的指针。函数返回非零，表示注册成功，否则注册失败。不能向 Windows 注册具有相同名字（lpszClassName 域指向相同的两个字符串）的两个类，否则第二次注册失败并被忽略。

下面是定义和注册名为"Window"的窗口类：

```
WNDCLASS wndclass;    /*定义窗口类变量*/
wndclass.style = CS_HREDRAW|CS_VREDRAW;
wndclass.lpfnWndProc = WndProc;    /*指出窗口过程函数*/
wndclass.cbClsExtra = 0;
wndclass.cbWndExtra = 0;
wndclass.hInstance = hInstance;
wndclass.hIcon = LoadIcon(NULL, IDI_APPLICATION);
wndclass.hCursor = LoadCursor(NULL, IDC_ARROW);
wndclass.hbrBackground = (HBRUSH )GetStockObject( BLACK_BRUSH);
wndclass.lpszMenuName = NULL;
wndclass.lpszClassName = "Window";    /*窗口类名字*/
if (!RegisterClass(&wndclass))        /*向 Windows 系统注册窗口类*/
{.../ *  处理窗口类注册错误 * /
}
```

其中，WndProc 是一个窗口过程函数名，变量 hInstance 存储着当前程序实例的句柄。Windows 预定义了一些图标、光标和刷子对象，函数 LoadIcon 返回预定义的应用程序图标的句柄，该图标由第二个参数 IDI_APPLICATION 来定义。函数 LoadCursor 返回标准箭头光标（IDC_ARROW）的句柄，函数 GetStockObject 返回库存对象中一个白色刷子（WHITE_BRUSH）的句柄。

3．创建窗口对象

窗口的某些特征（如窗口的颜色等）属于窗口类中定义的，并由该窗口类的所有实例共享。在注册了窗口类之后，程序员使用函数 CreateWindow 创建窗口，得到窗口类的一个实例

（一个窗口对象）的句柄。一个窗口可以是一个重叠式窗口，或是一个弹出式窗口，或是一个隶属窗口，或是一个子窗口，这在使用 CreateWindow 函数时指定。每一个子窗口都有一个父窗口，每一个隶属窗口都有一个拥有者，这个拥有者是另一个窗口对象，弹出式窗口是一种特殊的窗口。

CreateWindow 函数原型：

```
HWND CreateWindow(
        LPCSTR lpClassName,        /*类名，指定该窗口所属的类*/
        LPCSTR lpWindowName,       /*窗口的名字，即在标题栏中显示的文本*/
        DWORD dwStyle,      /*该窗口的风格，在后面详细介绍*/
        int x,  /*窗口左上角相对于屏幕左上角的初始 X 坐标*/
        int y,  /*窗口左上角相对于屏幕左上角的初始 Y 坐标*/
        int nWidth,  /*窗口的宽度*/
        int nHeight,  /*窗口的高度*/
        HWND hWndParent,       /* 一个子窗口的父窗口的句柄，或隶属窗口的拥有者
                            窗口的句柄，若没有拥有或者父窗口，则为 NULL */
        HMENU hMenu,           /* 菜单句柄，如果为 NULL，则使用类中定义的选单。
                            如果建立的是一个子窗口，该参数是一个子窗口标识符，
                            使用此标识符来区分多个窗口*/
        HINSTANCE hInstance,   /*创建窗口对象的应用程序的实例句柄*/
        VOID FAR * lpParam     /*创建窗口时指定的额外参数*/
        );
```

函数 CreateWindow 的第三个参数指定窗口的风格，表 11-7 是在 Windows.h 中定义的一些常用到的风格常量，通过将这些常量使用位或运算组合在一起，形成所要求的窗口风格。

表 11-7   窗口风格

类　　型	说　　明
WS_BORDER	创建一个有边框的窗口
WS_CAPTION	创建一个有标题栏的窗口
WS_CHILDWINDOW（or WS_CHILD）	创建一个子窗口（不能与 WS_POPUP 一起使用）
WS_CLIPCHILDREN	当在父窗口内绘制时，把子窗口占据的区域剪切在外，即不在该区域内绘图
WS_CLIPSIBLINGS	裁剪相互有关系的子窗口，不在被其他子窗口覆盖的区域内绘图，仅与 WS_CHILD 一起使用
WS_DISABLED	创建一个初始被禁止的窗口
WS_DLGFRAME	创建一个有双边框但无标题的窗口
WS_HSCROLL	创建一个带水平滚动杠的窗口
WS_VSCROLL	创建一个带垂直滚动杠的窗口

类　　型	说　　明
WS_ICONIC	创建一个初始为图标的窗口，仅可以与 WS_OVERLAPPEDWINDOWS 一起使用
WS_MAXIMIZE	创建一个最大尺寸的窗口
WS_MINIMIZE	创建一个最小尺寸的窗口（即图标）
WS_MAXIMIZEBOX	创建一个带有极大框的窗口
WS_MINIMIZEBOX	创建一个带有极小框的窗口
WS_OVERLAPPED	创建一个重叠式窗口，重叠式窗口带有标题和边框
WS_POPUP	创建一个弹出式窗口，不能与 WS_CHILD 一起使用
WS_SYSMENU	窗口带有系统菜单框，仅用于带标题栏的窗口
WS_THICKFRAME	创建一个边框的窗口，使用户可以直接缩放窗口
WS_VISIBLE	创建一个初始可见的窗口

　　CreateWindow 函数的 x 和 y 参数是窗口左上角相对于屏幕左上角的坐标。这两个参数可以使用常量 CW_USEDFAULT，用于表示使用缺省位置。缺省时，Windows 显示各个重叠窗口的位置在水平方向的垂直方向上均与屏幕左上角有一个相应的偏移值。nWidth 和 nHeight 参数也可以使用常量 CW_USEDEFAULT 来指定，这时，Windows 使用缺省的窗口尺寸。缺省的窗口尺寸在水平方向延伸到屏幕的右边界，在垂直方向延伸到屏幕底部显示图标区域的上方。

　　下面的语句说明在 Windows 程序中创建一个窗口对象的基本方法，所创建的窗口对象所属的类为前面定义的"Window"窗口类。

```
HWND hWnd;
hWnd = CreateWindow(
    "Windows",   /*窗口类名字*/
    "Sample Program",
    WS_OVERLAPPEDWINDOW,
    CW_USEDEFAULT,CW_USEDEFAULT,
    CW_USEDEFAULT,CW_USEDEFAULT,
    NULL,        /* 没有父窗口*/
    NULL,        /* 使用类菜单*/
    hInstance,   /* 变量 hInstance 中存储有当前程序实例的句柄*/
    NULL,        /* 没有额外数据*/
};
```

　　4. 窗口过程函数

　　窗口对象是怎样接收和处理所有影响窗口的事件（如击键或按动鼠标键）的消息的呢？一个窗口对象所接受到的消息的响应是由该对象的方法决定的，这些方法被定义在一个称为窗口过程函数的函数中。同一类的所有窗口对象共用同一个窗口过程函数。窗口过程函数决定着对象如何用内部方法对消息作出响应，例如，如何在屏幕上画出窗口自身。

一个最简单的窗口过程函数为：

LRESULT CALLBACK　　WndProc(HWND hwnd, UNIT message, WPARAM wParam,
　　　　　　　　　　　　　　　　LPARAM lParam)

{return DefWindowProc (hwnd, message, wParam, lParam);
}

该窗口过程函数通过调用 Windows 的函数 DefWindowProc（缺省窗口过程函数），让 Windows 的缺省窗口过程函数来处理所有发送到窗口对象上的消息。

当用户操作屏幕上的一个窗口对象时（例如用户改变了屏幕上窗口对象的位置或大小）或发生其他事件时，该事件的消息被存于应用程序的消息队列中，消息循环首先从该队列中检索出该消息，然后将消息发送到某个对象上。发送过程由 Windows 来控制，Windows 根据消息结构中的 hWnd 域所指示的消息发送的目标对象，调用该对象所在类的窗口过程函数完成消息的发送工作。窗口过程函数根据消息的种类，选择执行一段代码（方法），对消息进行处理，并通过 return 语句回送一个处理结果或状态。消息循环、Windows 和窗口过程函数协同配合，完成一条消息的发送和处理。在处理完一条消息之后，如果应用程序队列中还有其他消息，继续进行上述处理过程，否则，应用程序在消息循环处理进行等待。

5．处理消息

窗口对象接收到的每条消息由参数 message 来标识，随同该消息一传递过来的其他数据由参数 wParam 和 lParam 给出。wParam 用于 16 位的数据，而 lParam 用于 32 位的数据。

在窗口过程函数中，使用 switch 语句来判断窗口过程函数接收到什么消息，通过执行相应的语句对消息进行处理。当处理完一条消息时，窗口过程函数要返回一个值，表示消息的处理结果，许多消息返回 0 值，有些要求返回其他的值，这由具体的消息决定。窗口过程函数不打算处理的消息必须交由 DefWindowProc()进行处理，并且函数必须返回 DefWindowProc()的返回值。

窗口过程函数的的一般写法：

LRESULT CALLBACK　　WndProc (HWND hwnd, UINT message, WPARAM wParam,
　　　　　　　　　　　　　　　　LPARAM lParam)

　　　　　　　　{变量说明语句；
　　　　　　　　初始化语句；
　　　　　　　　switch (message)
　　　　　　　　　　{case 消息 1：处理"消息 1"的语句序列　return 表达式 1;
　　　　　　　　　　case 消息 2：处理"消息 2"的语句序列　return 表达式 2;
　　　　　　　　　　…
　　　　　　　　　　case 消息 n：处理"消息 n"的语句序列　return 表达式 n;
　　　　　　　　　　}
　　　　　　　　return DefWindowProc(hwnd, message, wParam, lParam);
　　　　　　　　}

Windows 为预定义的每种消息都指定了一个以 WM（Window Message）为前缀的标识符常量。下面的窗口过程函数 MyWndProc 只处理一条 WM_DESTROY 消息，其他消息全部抛给系统做默认处理。

```
LRESULT CALLBACK MyWndProc (HWND hwnd, UINT message, WPARAM wParam,
LPARAM lParam)
    {   switch (message)
            {case WM_DESTROY: PostQuitMessage(0): return 0;
            }
        return DefWindowProc(hwnd, message, wParam, lParam);
    }
```

11.2.7　消息循环

在 Win32 编程中，消息循环是相当重要的一个概念，看似很难，但是使用起来却是非常简单。在 WinMain()函数中，调用 InitWindow()函数成功的创建了应用程序主窗口之后，就要启动消息循环，其代码如下：

```
while (GetMessage(&msg, NULL, 0, 0))
{
TranslateMessage(&msg);
DispatchMessage(&msg);
}
```

Windows 应用程序可以接收以各种形式输入的信息，这包括键盘、鼠标动作、记时器产生的消息，也可以是其他应用程序发来的消息等。Windows 系统自动监控所有的输入设备，并将其消息放入该应用程序的消息队列中。

API 函数 GetMessage()是用来从应用程序的消息队列中按照先进先出的原则将这些消息一个个地取出来，放进一个 MSG 结构中去。GetMessage()函数原型如下：

```
BOOL GetMessage(
        LPMSG lpMsg, /*指向一个 MSG 结构的指针，用来保存消息*/
        HWND hWnd, /*指定哪个窗口的消息将被获取*/
        UINT wMsgFilterMin, /*指定获取的主消息值的最小值*/
        UINT wMsgFilterMax /*指定获取的主消息值的最大值*/
        );
```

GetMessage()将获取的消息复制到一个 MSG 结构中。如果队列中没有任何消息，GetMessage()函数将一直空闲直到队列中又有消息时再返回。如果队列中已有消息，它将取出一个后返回。MSG 结构包含了一条 Windows 消息的完整信息，其定义如下：

```
typedef struct tagMSG { HWND hwnd; /*接收消息的窗口句柄*/
                UINT message; /*主消息值*/
                WPARAM wParam; /*副消息值，其具体含义依赖于主消息值*/
                LPARAM lParam; /*副消息值，其具体含义依赖于主消息值*/
                DWORD time; /*消息被投递的时间*/
                POINT pt; /*鼠标的位置*/
                } MSG;
```

该结构中的主消息表明了消息的类型，例如是键盘消息还是鼠标消息等，副消息的含义则依赖于主消息值，例如：如果主消息是键盘消息，那么副消息中则存储了是键盘的哪个具体键的信息。

GetMessage()函数还可以过滤消息，它的第二个参数是用来指定从哪个窗口的消息队列中获取消息，其他窗口的消息将被过滤掉。如果该参数为 NULL，则 GetMessage()从该应用程序线程的所有窗口的消息队列中获取消息。

第三个和第四个参数是用来过滤 MSG 结构中主消息值的，主消息值在 wMsgFilterMin 和 wMsgFilterMax 之外的消息将被过滤掉。如果这两个参数为 0，则表示接收所有消息。

当且仅当 GetMessage()函数在获取到 WM_QUIT 消息后，将返回 0 值，于是程序退出消息循环。

TranslateMessage()函数的作用是把虚拟键消息转换到字符消息，以满足键盘输入的需要。DispatchMessage()函数所完成的工作是把当前的消息发送到对应的窗口过程中去。

开启消息循环其实是很简单的一个步骤，几乎所有的程序都是按照 EasyMyWin 的这个方法。你完全不必去深究这些函数的作用，只是简单地照抄就可以了。

消息处理函数又叫窗口过程，该函数由 Windows 调用，称为回调函数（CALLBACK）。在这个函数中，不同的消息将用 switch 语句分配到不同的处理程序中去。Windows 的消息处理函数都有一个确定的样式，即这种函数的参数个数和类型以及其返回值的类型都有明确的规定。微软的 MSDN 中，消息处理函数的原型是这样定义的：

LRESULT CALLBACK WindowProc(HWND hWnd, /* 指向窗口的句柄*/

UINT uMsg, /*指定消息*/

WPARAM wParam, /*指定 uMsg 消息的特定信息*/

LPARAM lParam

)

如果程序中还有其他的消息处理函数，也都必须按照上面的这个样式来定义，但函数名称可以随便取。EasyMyWin 中的 WinProc()函数就是这样一个典型的消息处理函数。

消息处理函数的四个参数是由 GetMessage()函数从消息队列中获得 MSG 结构，然后分解后得到的。第二个参数 uMsg 和 MSG 结构中的 message 值是一致的，代表了主消息值。程序中用 switch 语句来将不同类型的消息分配到不同的处理程序中去。

WinProc()函数明确地处理了 4 个消息，分别是 WM_KEYDOWN（击键消息）、WM_RBUTTONDOWN（鼠标右键按下消息）、WM_PAINT（窗口重画消息）、WM_DESTROY（销毁窗口消息）。

值得注意的是，应用程序发送到窗口的消息远远不止以上这几条，像 WM_SIZE、WM_MINIMIZE、WM_CREATE、WM_MOVE 等这样频频使用的消息就有几十条。为了减轻编程的负担，Windows 的 API 提供了 DefWindowProc()函数来处理这些最常用的消息，调用了这个函数后，这些消息将按照系统默认的方式得到处理。

因此，在 switch_case 语句中，只需明确地处理那些有必要进行特别响应的消息，把其余的消息交给 DefWindowProc()函数来处理，是一种明智的选择，也是你必须做的一件事。

当用户按 Alt+F4 快捷键或单击窗口右上角的退出按钮，系统就向应用程序发送一条 WM_DESTROY 的消息。在处理此消息时，调用了 API 函数 PostQuitMessage()，该函数会给窗口的消息队列中发送一条 WM_QUIT 的消息。在消息循环中，GetMessage()函数一旦检索到这条消息，就会返回 FALSE，从而结束消息循环，之后程序也结束。

11.3　一个最简单的 Win32 程序

在 C 语言编程中，一个最简单的程序可以只有两行。譬如：

void main(void)

　　{ printf "Hello World!"; }

而要实现同样功能的 Windows 程序却最少也要写几十行，当然这并不能说明 Windows 应用程序效率低下，难于掌握，相反说明程序在 Windows 环境下有更丰富的内涵。Windows 程序的效率其实不低，在所有 Windows 应用程序中，都有一个程序初始化的过程，该过程就得用上几十条语句，这段初始化的代码对于任何 Windows 应用程序而言，基本上都是大同小异的。

【例】　在一个窗口中显示"你好，我是 EasyMyWin!"的窗口程序 EasyMyWin。

首先依照下面的步骤在 Visual C++ 6.0 中建立一个名为 EasyMyWin 的工程项目。

（1）打开 Visual C++ 6.0。

（2）选择 File 菜单的 New 命令，在出现的对话框中，选择 Projects 选项卡（工程），并单击其下的 Win32 Application 项，表示使用 Win32 环境创建应用程序。先在 Location（路径）中填入"c:\"，然后在 Project Name（项目名称）中填入"EasyMyWin"，其他按照缺省设置。之后单击"OK"按钮。

（3）再次选择 File 菜单的 New 命令，在出现的对话框中，选择 Files 栏目（新建文件），并单取其下的 C++ Source File 项，表示新建一个 C++源文件。在右边的 File 栏中输入"EasyMyWin"，最后给 Add to project 检查框打上勾。单击 OK 按钮。

在 EasyMyWin.cpp 文件中输入以下源程序代码。

例 11-1 代码：

```
/*******************************************************************
 工程：EasyMyWin
 文件：EasyMyWin.cpp
 内容：一个基本的 Win32 程序
 *******************************************************************/
#include <windows.h>
#include <windowsx.h>
/*函数声明*/
BOOL InitWindow( HINSTANCE hInstance, int nCmdShow );
LRESULT CALLBACK WinProc( HWND hWnd, UINT message, WPARAM wParam,
LPARAM lParam );
/*******************************************************************
函数：WinMain()
```

功能：Win32 应用程序入口函数。创建主窗口，处理消息循环
**/

```
int PASCAL WinMain( HINSTANCE hInstance, /*当前实例句柄*/
HINSTANCE hPrevInstance,      /*前一个实例句柄*/
LPSTR lpCmdLine, /*命令行字符*/
int nCmdShow) /*窗口显示方式*/
{MSG msg;
/*创建主窗口*/
if ( !InitWindow( hInstance, nCmdShow ) )
    return FALSE;
    /*进入消息循环：从该应用程序的消息队列中检取消息，送到消息处理过程，当检
    取到 WM_QUIT 消息时，退出消息循环。*/
    while (GetMessage(&msg, NULL, 0, 0))
      {TranslateMessage(&msg);
       DispatchMessage(&msg);
       }
/*程序结束*/
return msg.wParam;
}
```

/**

函数：InitWindow()
功能：创建窗口。
**/

```
static BOOL InitWindow( HINSTANCE hInstance, int nCmdShow )
  {HWND hwnd;       /*窗口句柄*/
   WNDCLASS wc; /*窗口类结构*/
   /*填充窗口类结构*/
   wc.style = CS_VREDRAW | CS_HREDRAW;
   wc.lpfnWndProc = (WNDPROC)WinProc; /*为窗口指定处理窗口消息的窗口过程*/
   wc.cbClsExtra = 0;
   wc.cbWndExtra = 0;
   wc.hInstance = hInstance;
   wc.hIcon = LoadIcon( hInstance, IDI_APPLICATION );
   wc.hCursor = LoadCursor( NULL, IDC_ARROW );
   wc.hbrBackground = GetStockObject(WHITE_BRUSH);
   wc.lpszMenuName = NULL;
   wc.lpszClassName = "EasyMyWin";
   /*注册窗口类*/
   RegisterClass( &wc );
```

```
/*创建主窗口*/
hwnd = CreateWindow("EasyMyWin", /*窗口类名称*/
                    "一个基本的 Win32 程序",     /*窗口标题*/
                    WS_OVERLAPPEDWINDOW, /*窗口风格，定义为普通型*/
                    100,                       /*窗口位置的 x 坐标*/
                    100,                       /*窗口位置的 y 坐标*/
                    400,                       /*窗口的宽度*/
                    300,                       /*窗口的高度*/
                    NULL,                      /*父窗口句柄*/
                    NULL,                      /*菜单句柄*/
                    hInstance,                 /*应用程序实例句柄*/
                    NULL );                    /*窗口创建数据指针*/
if( !hwnd ) return FALSE;       /*显示并更新窗口*/
ShowWindow( hwnd, nCmdShow );
UpdateWindow( hwnd );
return TRUE;
}
/****************************************************************
  函数：WinProc()
  功能：处理主窗口消息
****************************************************************/
LRESULT CALLBACK WinProc( HWND hWnd, UINT message, WPARAM wParam,
LPARAM lParam )
{
 switch( message )
 {case WM_KEYDOWN:                              /*击键消息*/
         switch( wParam )
             {case VK_ESCAPE:
                 MessageBox(hWnd,"ESC 键按下了!","Keyboard",MB_OK);
                 break;
             }
         break;
 case WM_RBUTTONDOWN: /*鼠标消息*/
{MessageBox(hWnd,"鼠标右键按下了!","Mouse",MB_OK);
break;
}
 case WM_PAINT: /*窗口重画消息*/
 {
  char hello[]="你好，我是 EasyMyWin !";
```

```
HDC hdc;
PAINTSTRUCT ps;
hdc=BeginPaint( hWnd,&ps ); /*取得设备环境句柄*/
SetTextColor(hdc, RGB(0,0,255)); /*设置文字颜色*/
TextOut( hdc, 20, 10, hello, strlen(hello) ); /*输出文字*/
EndPaint( hWnd, &ps ); /*释放资源*/
break;
}
case WM_DESTROY: /*退出消息*/
PostQuitMessage( 0 ); /*调用退出函数*/
break;
}
/*调用缺省消息处理过程*/
return DefWindowProc(hWnd, message, wParam, lParam);
}
```

程序输入完毕，即可编译执行。在执行程序的窗口中单击鼠标右键或按 Esc 键时，会弹出一个对话框以表示你的操作。其实，这个程序可以看成是所有 Win32 应用程序的框架，在以后所有的程序中，我们会发现几乎所有窗口程序都是在这个程序的基础之上再添加代码。

图 11-5　例 11-1 运行效果图

WinMain()函数是应用程序开始执行时的入口点，通常也是应用程序结束任务退出时的出口点。它与字符界面的 DOS 程序中 main()函数起同样的作用，有一点不同的是，WinMain()函数必须带有 4 个参数，它们是操作系统系统传递给它的。WinMain()函数的原型如下：

```
int PASCAL WinMain( HINSTANCE hInstance, /*当前实例句柄*/
                    HINSTANCE hPrevInstance, /*前一个实例句柄*/
                    LPSTR lpCmdLine, /*命令行字符*/
                    int nCmdShow) /*窗口显示方式*/
```

第一个参数 hInstance 是标识该应用程序当前的实例（窗口程序）的句柄。它是HINSTANCE 类型，HINSTANCE 是 Handle of Instance 的缩写，表示实例的句柄。hInstance是一个很关键的数据，它唯一的代表该应用程序，在后面初始化程序主窗口的过程中需要用到这个参数。

这里有两个概念，一个是实例，一个是句柄。实例代表的是应用程序执行的整个过程和方法，一个应用程序如果没有被执行，只是以可执行文件形式存在于磁盘上，那么就说它是没有被实例化的，只要执行，则说该程序的一个实例在运行。句柄，顾名思义，指的是一个执行中的程序对象的把柄。在 Windows 中，有各种各样的句柄，它们都是 32 位的指针变量，用来指向该对象所占据的内存区。句柄的使用，可以极大地方便 Windows 管理其内存中的各种对象。

第二个参数是 hPrevInstance，它是用来标识该应用程序的前一个实例句柄。对于基于 Win32 的应用程序来说，这个参数总是 NULL。这是因为在 Windows 95 操作系统中，应用程序的每个实例都有各自独立的地址空间，即使同一个应用程序被执行了两次，在内存中也会为它们的每一个实例分配新的内存空间，所以一个应用程序被执行后，不会有前一个实例存在的可能。也就是说，hPrevInstance 这个参数是完全没有必要的，只是为了提供与 16 位 Windows 的应用程序形式上的兼容性，才保留了这个参数。在以前的 16 位 Windows 环境下（如 Windows3.2），hPrevInstance 用来标识与 hInstance 相关的应用程序的前一个句柄。

第三个参数是 lpCmdLine，是指向应用程序命令行参数字符串的指针。如在 Windows XP 的 "开始" 菜单中单击 "运行"，输入 "EasyMyWin hello"，则此参数指向的字符串为 "hello"。

最后一个参数是 nCmdShow，是一个用来指定窗口显示方式的整数。这个整数值可以是 SW_SHOW、SW_HIDE、SW_SHOWMAXIMIZED、SW_SHOWMINIMIZED 等。

小　结

本章主要介绍的是 Win32 编程的基础知识，以及 Windows 系统下程序运行的特征及相关概念。通过一个简单的 Win32 程序来说明 Windows 程序的构成和编制特点；使用 VC 6.0 环境创建简单的基于 Win32 下的应用程序；用 RegisterClass() 函数注册一个窗口类，再立即调用 CreateWindow() 函数创建一个窗口的实例。设置窗口的类型以及将一个消息处理函数与窗口联系上，用一固定的模式开启消息循环，了解消息处理函数的定义规则，以及如何定义一个窗口消息处理函数。在消息处理函数中，最后必须调用 DefWindowProc() 函数以处理那些缺省的消息。

习　题

11-1　在 Visual C++ 6.0 下写一简单的窗口文本编辑器。

11-2　在 Visual C++ 6.0 下写一简单的画图工具实现画圆、矩形、椭圆等基本图形。

附录

附录一 ASII 代码对照表

十进制	十六进制	字符	十进制	十六进制	字符	十进制	十六进制	字符	十进制	十六进制	字符
0	00	NUT	20	14	DC4	40	28	(	60	3C	
1	01	SOH	21	15	NAK	41	29	)	61	3D	
2	02	STX	22	16	SYN	42	2A	*	62	3E	
3	03	ETX	23	17	ETB	43	2B	+	63	3F	
4	04	EOT	24	18	CAN	44	2C	,	64	40	@
5	05	ENQ	25	19	EM	45	2D	-	65	41	A
6	06	ACK	26	1A	SUB	46	2E	.	66	42	B
7	07	BEL	27	1B	ESC	47	2F	/	67	43	C
8	08	BS	28	1C	FS	48	30	0	68	44	D
9	09	HT	29	1D	GS	49	31	1	69	45	E
10	0A	LF	30	1E	RS	50	32	2	70	46	F
11	0B	VT	31	1F	US	51	33	3	71	47	G
12	0C	FF	32	20	SP	52	34	4	72	48	H
13	0D	CR	33	21	!	53	35	5	73	49	I
14	0E	SO	34	22	"	54	36	6	74	4A	J
15	0F	SI	35	23	#	55	37	7	75	4B	K
16	10	DLE	36	24	$	56	38	8	76	4C	L
17	11	DC1	37	25	%	57	39	9	77	4D	M
18	12	DC2	38	26	&	58	3A	:	78	4E	N
19	13	DC3	39	27	,	59	3B	;	79	4F	O

十进制	十六进制	字符	十进制	十六进制	字符	十进制	十六进制	字符	十进制	十六进制	字符
80	50	P	92	5C	\	104	68	h	116	74	t
81	51	Q	93	5D	]	105	69	i	117	75	u
82	52	R	94	5E		106	6A	j	118	76	v
83	53	S	95	5F	-	107	6B	k	119	77	w
84	54	T	96	60	`	108	6C	l	120	78	s
85	55	U	97	61	a	109	6D	m	121	79	y
86	56	V	98	62	b	110	6E	n	122	7A	z
87	57	W	99	63	c	111	6F	o	123	7B	{
88	58	X	100	64	d	112	70	p	124	7C	|
89	59	Y	101	65	e	113	71	q	125	7D	}
90	5A	Z	102	66	f	114	72	r	126	7E	~
91	5B	[	103	67	g	115	73	s	127	7D	DEL

附录二　C 语言的保留字

char	int	float	double	signed
unsigned	short	long	struct	union
enum	void	typedef	sizeof	const
volatile	static	extern	auto	register
if	else	switch	case	default
do	while	for	break	continue
return	goto			

附录三　常见的 C 语言库函数

　　C 语言没有直接输入输出语句，要完成输入输出，需要使用 scanf 和 printf 函数。又如，要求一个正数的平方根，需要调用 sqrt 函数，否则就需要编写颇为复杂的程序。这里用到的 scanf、printf 和 sqrt 函数称为库函数。

　　C 语言的库函数并不是 C 语言本身的一部分，它是由编译程序根据一般用户的需要编制并提供给用户使用的一组程序。库函数的使用极大地方便了用户，同时也补充了 C 语言本身的不足。事实上，在编写 C 语言程序时，应当尽可能多地使用库函数，这样既可以提高程序的运行效率，又可以提高编程的质量。

库函数是存放在函数库中的函数，每个库函数都有明确的功能、调用参数和返回值。而函数库是由系统建立的具有一定功能的函数的集合，存放了函数的名称和对应的目标代码，以及连接过程中所需的重定位信息。当用户使用函数库中的某一库函数时，要在源程序开头用#include 文件包含命令写出该函数对应的函数库名（头文件）。不同版本的 C 语言具有不同的库函数，使用时应查阅有关版本的 C 的库函数参考手册。Tubro C 库函数分为九大类。

（1）I/O 函数：包括各种控制台 I/O、缓冲型文件 I/O 和 UNIX 式非缓冲型文件 I/O 操作。需要包含文件 stdio.h，例如：getchar、putchar、printf、scanf 等。

（2）字符串、内存和字符函数：包括对字符串进行各种操作和对字符进行操作的函数。需要包含文件 string.h、mem.h、ctype.h 或 string.h，例如，用于检查字符的函数 isalnum、Isalpha、isspace 等。 用于字符串操作的函数 strcmp、strlen、strstr 等。

（3）数学函数：包括各种常用的三角函数、双曲线函数、指数和对数函数等。需要包含文件 math.h，例如：exp（e 的 x 次方）、log、sqrt（开平方）、pow（x 的 y 次方）等。

（4）时间、日期和与系统有关的函数：对时间、日期的操作和设置计算机系统状态等。需要包含文件 time.h，例如：time 返回系统的时间，asctime 返回以字符串形式表示的日期和时间。

（5）动态存储分配：包括"申请分配"和"释放"内存空间的函数。需要包含文件 alloc.h 或 stdlib.h，例如 calloc、malloc 等。

（6）目录管理：包括磁盘目录建立、查询、改变等操作的函数。

（7）过程控制：包括最基本的过程控制函数。

（8）字符屏幕和图形功能：包括各种绘制点、线、圆、方和填色等的函数。

（9）其他函数。

下面列出常用的一些 C 语言库函数的具体用法，供读者参考。

1. 输入输出函数

使用输入输出函数时，应在源程序的开头写上文件包含命令#include "stdio.h"或#include <stdio.h>。

函数名	函 数 原 型	功　能	返 回 值	备　注
getchar	int getchar()	从控制台（键盘）读一个字符，显示在屏幕上	所读字符。若文件结束或出错，则返回-1	
putchar	int putchar(char ch)	向控制台（键盘）写一个字符	输出的字符 ch，若出错，返回 EOF	
getc	int getc(FILE *fp)	从 fp 所指向的文件中读入一个字符	返回所读的字符，若文件结束或出错返回 EOF	
putc	int putc(int ch,FILE *fp);	把一个字符 ch 输出到 fp 所指向的文件中	输出的字符 ch，若出错，返回 EOF	

函数名	函 数 原 型	功　　能	返 回 值	备　注
scanf	int scanf(char *format[,argument…])	从标准输入设备按 format 指向的格式字符串所规定的格式，输入数据给 argument 所指向的单元	读入并赋给 argument 的数据个数，遇文件结束返回 EOF，出错返回 0	
puts	int puts(char *string)	把 string 指向的字符串输出到标准输出设备，将'\0'转换为回车换行	返回换行符，若失败，返回 EOF	
printf	int printf(char *format[,argument,…])	按 format 指向的格式字符串所规定的格式，将输出表列 argument 的值输出到标准输出设备	输出字符的个数，若出错，返回负数	
rename	int rename(char *oldname,char *newname)	将文件 oldname 的名称改为 newname	成功返回 0，出错返回-1	
open	int open(char *pathname,int access [,int permiss])	为读或写打开一个文件，后按 access 来确定是读文件还是写文件	返回文件号，如打开失败，返回-1	非 ANSI 标准函数
creat	int creat(char *filename,int ermiss)	建立一个新文件 filename，并设定读写属性	成功则返回正数，否则返回-1	非 ANSI 标准函数
eof	int eof(int *handle)	检查文件是否结束	结束返回 1，否则返回 0	非 ANSI 标准函数
write	int write(int handle,void *buf,int nbyte)	将 buf 中的 nbyte 个字符写入文件号为 handle 的文件中	返回实际输出的字节数，如出错返回-1	非 ANSI 标准函数
read	intread(int handle,void *buf,int nbyte)	从文件号为 handle 的文件中读 nbyte 个字符存入 buf 中	返回真正读入的字节个数，如遇文件结束返回 0，出错返回-1	
fopen	FILE *fopen(char *filename,char *type)	打开一个文件 filename，打开方式为 type	成功，返回一个文件指针（文件信息区的起始地址）；否则返回 0	
putw	int putw(int w,FILE *stream)	向流 stream 写入一个整数	返回输出的整数，若出错，返回 EOF	
getw	int getw(FILE *stream)	从流 stream 读入一个整数，错误返回 EOF	输入的整数。如文件结束或出错，返回-1	非 ANSI 标准函数

续表

函数名	函 数 原 型	功　　能	返 回 值	备　注
fgetc	int fgetc(FILE *stream)	从流 stream 处读一个字符	返回所得到的字符，若读入出错，返回 EOF	
fputc	int fputc(int ch,FILE *stream)	将字符 ch 写入流 stream 中	成功，则返回该字符；否则返回非 0	
fgets	char *fgets(char *string,int n,FILE *stream)	从流 stream 中读 n 个字符存入 string 中	返回地址 buf，若遇文件结束或出错，返回 NULL	
fputs	int fputs(char *string,FILE *stream)	将字符串 string 写入流 stream 中	成功，则返回 0；否则返回非 0	
fread	int fread(void *ptr,int size,int nitems,FILE *stream)	从流 stream 中读入 nitems 个长度为 size 的字符串存入 ptr 中	返回所读的数据项个数，如遇文件结束或出错返回 0	
fwrite	int fwrite(void *ptr,int size,int nitems,FILE *stream)	向流 stream 中写入 nitems 个长度为 size 的字符串，字符串在 ptr 中	写到 stream 文件中的数据项的个数	
fscanf	int fscanf(FILE *stream,char*format[,argument, …])	以格式化形式从流 stream 中读入一个字符串	已输入的数据个数	
fprintf	int fprintf(FILE *stream,char*format[,argument, …])	以格式化形式将一个字符串写给指定的流 stream	实际输出的字符数	
fseek	int fseek(FILE *stream,long offset,int fromwhere)	函数把文件指针移到 fromwhere 所指位置的向后 offset 个字节处，fromwhere 可以为以下值：SEEK_SET 文件开关 SEEK_CUR 当前位置 SEEK_END 文件尾	返回当前位置；否则返回−1	
ftell	long ftell(FILE *stream)	函数返回定位在 stream 中的当前文件指针位置，以字节表示	返回 stream 所指向的文件中的读写位置	
rewind	int rewind(FILE *stream)	将当前文件指针 stream 移到文件开头	无	
feof	int feof(FILE *stream)	检测流 stream 上的文件指针是否在结束位置	遇文件结束符返回非零值,否则返回 0	
fclose	int fclose(FILE *stream)	关闭一个流，可以是文件或设备（例如 LPT1）	有错则返回非 0,否则返回 0	

2．数学函数

使用数学函数时，应在源程序的开头写上文件包含命令：

#include "math.h"或 #include <math.h>

函数名	函 数 原 型	功　　能	返 回 值	备　注
abs	int abs(int i)	求整型参数 i 的绝对值	计算结果	
fabs	double fabs(double x)	求双精度参数 x 的绝对值	计算结果	
labs	long labs(long n)	求长整型参数 n 的绝对值	计算结果	
exp	double exp (double x)	求指数函数 e^x 的值	计算结果	
log	double log(double x)	求 $\log_e x$ 的值	计算结果	
log10	double log10(double x)	求 $\log_{10} x$ 的值	计算结果	
pow	double pow(double x,double y)	求 x^y 的值	计算结果	
sqrt	double sqrt(double x)	求 x 的开方	计算结果	
acos	double acos(double x)	求 x 的反余弦 $\cos^{-1}(x)$值	计算结果	x 为弧度
asin	double asin (double x)	求 x 的反正弦 $\sin^{-1}(x)$值	计算结果	x 为弧度
atan	double atan(double x)	求 x 的反正切 $\tan^{-1}(x)$值	计算结果	x 为弧度
atan2	double atan2(double y,double x)	求 y/x 的反正切 $\tan^{-1}(x)$值	计算结果	x、y 为弧度
cos	double cos(double x)	求 x 的余弦 $\cos(x)$值	计算结果	x 为弧度
sin	double sin(double x)	求 x 的正弦 $\sin(x)$值	计算结果	x 为弧度
tan	double tan(double x)	求 x 的正切 $\tan(x)$值	计算结果	x 为弧度
floor	double floor(double x)	求不大于 x 的最大整数	计算结果	
srand	void srand(unsigned seed)	初始化随机数发生器	计算结果	
rand	int rand()	产生一个随机数	计算结果	
fmod	double fmod(double x,double y)	求 x/y 的余数	计算结果	

3．字符串操作函数

ANSI C 标准要求在使用字符串函数时要包含头文件"string.h"。有的编译遵循 ANSI C 标准的规定，而用其他名称的头文件。请使用时查有关手册。

函数名	函 数 原 型	功　　能	返 回 值
strncmp	int strncmp(const char *s1,const char *s2,size_t maxlen)	比较字符串 s1 与 s2 中的前 maxlen 个字符	返回 s1-s2
strncat	char strncat(char *dest,const char *src,size_t maxlen)	将字符串 src 中最多 maxlen 个字符复制到字符串 dest 中	返回 dest
strlwr	char strlwr(char *s)	将字符串 s 中的大写字母全部转换成小写字母	返回转换后的字符串

函数名	函 数 原 型	功 能	返 回 值
strncpy	char strncpy(char *dest,const char *src,size_t maxlen)	复制 src 中的前 maxlen 个字符到 dest 中	返回 dest
strcpy	char strcpy(char *dest,const char *src)	将字符串 src 复制到 dest	返回 dest
strcmp	int strcmp(const char *s1,const char *s2)	比较字符串 s1 与 s2 的大小	返回 s1-s2
strchr	char strchr(const char *s,int c)	检索字符 c 在字符串 s 中第一次出现的位置	返回字符 c 在字符串 s 中第一次出现的位置
strcat	char strcat(char *dest,const char *src)	将字符串 src 添加到 dest 末尾	返回 dest
strcpy	char strcpy(char *dest,const char *src)	将字符串 src 复制到 dest 中	返回 dest
strstr	char strstr(const char *s1,const char *s2)	扫描字符串 s2 第一次出现 s1 的位置	返回第一次出现 s1 的位置
strlen	Unsigned int strlen(char *str)	统计字符串 str 中字符的个数（不包括终止符'\0'）	返回字符个数
strupr	char strupr(char *s)	将字符串 s 中的小写字母全部转换成大写字母	返回转换后的字符串

4. 字符函数库为 ctype.h

使用字符函数时，应在源程序的开头写上文件包含命令：#include "ctype.h"或 #include <ctype.h>

函数名	函 数 原 型	功 能	返 回 值
isalpha	int isalpha(int ch)	检查 ch 是否是字母（'A'~'Z', 'a'~'z'）	是返回非 0 值，否则返回 0
isalnum	int isalnum(int ch)	检查 ch 是否是字母('A'~'Z','a'~'z')或数字('0'~'9')	是返回非 0 值，否则返回 0
isascii	int isascii(int ch)	检查 ch 是否是字符（ASCII 码中的 0~127）	是返回非 0 值，否则返回 0
isdigit	int isdigit(int ch)	检查 ch 是否是数字（'0'~'9'）	是返回非 0 值，否则返回 0
islower	int islower(int ch)	检查 ch 是否是小写字母（'a'~'z'）	是返回非 0 值，否则返回 0
isupper	int isupper(int ch)	检查 ch 是否是大写字母（'A'~'Z'）	是返回非 0 值，否则返回 0
tolower	int tolower(int ch)	检查 ch 是否是大写字母（'A'~'Z'）返回相应的小写字母（'a'~'z'）	
isxdigit	int isxdigit(int ch)	检查 ch 是否是 16 进制数（'0'~'9', 'A'~'F', 'a'~'f'）	是返回非 0 值，否则返回 0
isspace	int isspace(int ch)	检查 ch 是否是空格（' '）、水平制表符（'\t'）、回车符（'\r'）、走纸换行（'\f'）、垂直制表符（'\v'）、换行符（'\n'）	是返回非 0 值，否则返回 0
isprint	int isprint(int ch)	检查 ch 是否可打印字符（含空格）（0x20~0x7E）	是返回非 0 值，否则返回 0
ispunct	int ispunct(int ch)	检查 ch 是否是标点符符（0x00~0x1F）	是返回非 0 值，否则返回 0
tolower	int tolower(int ch)	检查 ch 是否是大写字母（'A'~'Z'）	返回相应的小写字母（'a'~'z'）
toupper	int toupper(int ch)	检查 ch 是否是小写字母（'a'~'z'）	返回相应的大写字母（'A'~'Z'）

5. 动态存储分配函数

ANSI 标准建议设 4 个有关的动态存储分配的函数。ANSI 标准建议在"stdlib.h"头文件中包含有关的信息，但许多 C 编译系统要求用"malloc.h"。

ANSI 标准要求动态分配系统返回 void 指针。void 指针可以指向任何类型的数据。但目前有的 C 编译所提供的这类函数返回 char 指针。无论是哪一种，都需要用强制类型转换的方法把 void 或 char 指针转换成所需的类型。

函数名	函 数 原 型	功 能	返 回 值
realloc	void *realloc(void *p,unsigned size);	将 p 所指出的已分配内存区的大小改为 size，size 可以比原来分配的空间大或小	返回指向该内存区的指针
free	void free(void *ptr);	释放先前所分配的内存，所要释放的内存的指针为 ptr	无
calloc	void *calloc(unsigned nelem,unsigned elsize);	分配 nelem 个长度为 elsize 的内存空间	返回所分配内存的指针，如内存不够，返回 0
malloc	void *malloc(unsigned size) ;	分配 size 个字节的内存空间	返回所分配内存的指针，如内存不够，返回 0

参考文献

[1] 彭正文等．C 语言程序设计．大连：大连理工出版社 2009

[2] 彭正文等．C 语言程序设计习题解答与上机指导．大连：大连理工出版社 2009

[3] 谭浩强．C 程序设计（第二版）．北京：清华大学出版社，1999

[4] 谭浩强．C 语言程序设计题解与上机指导．北京：清华大学出版社，2000

[5] 严蔚敏等．数据结构题集．北京：清华大学出版社，1999

[6] 姜仲秋等．C 语言程序设计．南京：南京大学出版社，1998

[7] 裘宗燕．从问题到程序科学出版社．北京：北京大学出版社，1999

[8] 丁爱萍．C 语言程序设计实例教程．西安：西安电子科技大学出版社，2002

[9] 刘瑞挺．计算机二级教程．天津：南开大学出版社，1996

[10] 谭浩强．C 语言程序设计教程（第二版）．北京：高等教育出版社，1998

[11] 常玉龙等．Turbo C 2.0 实用大全．北京：北京航空航天大学出版社，1994